귀농 귀촌인을 위한
실전 텃밭 가꾸기

귀농 귀촌인을 위한
실전 텃밭 가꾸기

윤용진 지음

W미디어

귀촌 후 텃밭과 작은 과수원을 가꾸어온 지 어느덧 15년이 지났다. 이 제 내 농사 경력도 제법 되었다고 생각해서인지 귀촌을 하거나 텃밭을 가꾸는 지인들이 이따금 농사에 대해 질문을 한다. 내 나름대로는 성 심껏 답변을 해주고 있지만 지나고 보면 빼먹은 것이 한두 가지가 아 니다. 아무래도 내 경험을 체계적으로 정리할 필요가 있어 보였다. 또 지인들 역시 단편적인 설명만으로는 부족했는지 나에게 제안을 했다.

"그러지 말고 농사 경험을 책으로 써 보는 건 어때요? 귀농이나 귀 촌하시는 분들에게도 큰 도움이 될 것 같은데요!"

사실 이런 이야기를 처음 들은 것도 아니었다. 이전에 쓴 책 〈귀촌 후에 비로소 삶이 보였다〉를 출간하고 들은 이야기는 크게 두 가지였 다. 어떻게 농사지어 먹고 사는가와 텃밭 농사에 대한 구체적인 설명 이 없다는 거였다. 먹고 사는 문제는 사적인 영역이므로 공개적으로 밝히기는 어렵다 치지만, 구체적인 농사법이라면 얼마든지 설명할 용 의가 있었다.

요즘은 세상이 바뀌었다. 내가 농사를 처음 시작할 무렵만 해도 농 사에 필요한 정보를 찾기가 어려웠다. 그래서 전문가를 찾아가서 질문을 하고, 어렵게 배운 내용을 잊지 않으려 기록을 했다. 하지만 지금은 인터넷을 찾아보면 온갖 정보가 다 나온다. 물론 그 정보들이 다 맞는 것은 아니지만 적어도 참조는 할 수 있고, 또 정확한 정보가 필요하다면 농촌진흥청에서 만든 전문적인 자료를 찾아보면 된다. 누구든 방법을 몰라 농사를 지을 수 없는 시대는 지나간 것 같다.

그렇게 정보가 넘쳐흐르는데도 이상하게 농사는 뜻대로 되지 않는다. 분명히 모범답안에 따라 시키는 대로 했는데 농사가 영 신통치가 않다. 또 한두 해 농사가 잘 되어 자신감이 붙을 만하면 갑자기 망가지기도 한다. 아마도 그 이유는, 원래 이론과 실제는 다른 법이고 또 저마다 갖고 있는 기본지식이 다르니 전문가가 설명하는 의미를 제대로 이해하지 못한 때문일 수도 있다. 더구나 요즈음에는 이상기후라고 하는 예측하기 어려운 변수가 항상 따라다닌다.

텃밭 채소를 심는 시기만 해도 그렇다. 봄채소를 심는 시기가 중부지방과 남부지방이 다르고, 같은 중부지방이라고 하더라도 지역에 따라 달라진다. 또 같은 지역 내에서도 지형에 따라 기온이 차이가 난다. 바람을 막아주는 곳이 없는 우리 집은 옆 동네보다도 기온이 1~2℃는 낮은 편인데, 심지어 우리 집에는 5월 초순에 하얗게 늦서리가 내린 적도 있다. 그래서 남들이 텃밭에 모종을 심는다고 무조건 따라 해서는 안 된다. 우리 집 텃밭 환경을 나보다 더 잘 아는 사람은 없으니까.

또 다른 이유를 찾자면, 모범답안은 쉽게 구할 수 있지만 실패 사례는 찾기가 어렵다는 데 있다. 실제로 망해보지 않으면 쓸 수 없는 게 실패 사례다. 비록 본인의 생각이지만 '분명히 제대로 했는데도 망했다'는 실패 경험이 어쩌면 초보자에게는 더 필요한 정보일 수도 있다.

실제로 지난 15년간 작성해온 농업일지를 들추어보면 한 번도 실패하지 않고 손쉽게 키울 수 있던 작물은 그리 많지 않았던 것 같다. 나중에 알고 나면 당연한 것인데, 처음에는 그 당연한 것을 알지 못해 농사를 망친다.

초창기에 암꽃 수꽃을 구분 못해 수박농사를 망치고 나서, 멘토 역할을 해주시던 지인에게 따졌다. 왜 미리 말해주지 않았느냐고. 그랬더니 "그 정도는 당연히 알고 있는 줄 알았지!"란 대답이 돌아왔다. 이렇듯 시골에서 자라 곁눈질로라도 농작물이 자라는 모습을 본 사람과 도시에서 자라 한 번도 본 적이 없는 사람과는 큰 차이가 있다.

이 책에는 그간 직접 텃밭 농사를 지으면서 기록해두었던 농사법에 대한 자료뿐만 아니라, 그간 수도 없이 겪었던 실패 경험도 담았다. 실제 땀을 흘리며 경험한 농사법과 책을 통해 배운 이론과는 다소 차이가 있다. 이따금 대규모로 농사를 지으시는 지인들과 대화를 나누다 보면, 소규모 농사법과 대규모 농사법은 확연히 다르다는 것을 알 수 있다.

대규모 농사는 수익을 올리기 위한 농사다. 일단 밭의 규모가 다르니 투입해야 하는 농자재의 양과 질이 달라진다. 남들보다 상품성 있는(흠집 하나 없는) 농작물을 만들어내기 위해서는 농약을 사용해야 하고, 생산성을 높이려면 전용 비료를 사용해야 한다. 환경의 영향을 덜 받기 위해 시설재배를 하고, 인건비를 줄이려고 값비싼 농기계를 투입한다.

반면에, 소규모 농사는 자급용이므로 상품성은 좀 떨어지더라도 건강한 음식이면 된다. 벌레가 좀 먹더라도 괜찮다. 또 필요한 노동력은 공짜로 얼마든지 제공할 수도 있다. 다만 대규모 농가처럼 전문적인 농자재를 사용할 수 없다는 게 흠이다. 농사짓는 기본은 같다지만, 소규모 텃밭 농사를 지으며 무턱대고 값비싼 농자재를 투입할 수는 없는 일이니까.

따라서 내가 하는 농사법은 소규모로 텃밭을 운영하는 사람에게나 어울릴 수 있는 농사법이다. 내 식구들이 먹고, 주위의 사람들과 나눌 수도 있고, 또 가능하다면 도시에 있는 사람들과 직거래를 하여 약간이나마 소득을 올릴 수도 있을 것이다.

때로는 직접 재배하는 것보다 시장에서 구입하는 것이 더 경제적일 수도 있지만, 내가 직접 재배한 채소와 과일의 맛은 시장에서 구입한 것들과는 비교할 바가 아니다. 더구나 직접 땀을 흘리고 하루하루 채소를 가꾸고 수확하는 시간은 소중한 내 삶의 한 부분이 된다.

비록 작은 텃밭이지만 농작물이 자라는 모습을 지켜보면 새삼스레 자연의 위대함에 탄복하게 된다. 작은 씨앗이 싹을 틔우는가 싶더니만 하루가 다르게 부쩍 자라 있고, 언제 크려나 싶던 가녀린 모종에는 어느새 작은 열매가 맺혀 있다. 다 죽은 듯싶던 고구마 모종도 머지않아 밭을 한가득 덮어버릴 것이다. 지금껏 경험하지 못하던 새로운 생명의 향연을 보고 있노라면 내 스스로가 치유되는 것을 느낀다.

이제 건강한 먹거리가 살아 숨쉬는 텃밭 농사로 여러분을 초대합니다.

Contents

머리말 4

Chapter 1 │ 준비편 – 텃밭 농사 AtoZ

1   농사는 흙 만들기로부터 시작된다 ⸺⸺⸺⸺⸺⸺⸺⸺ 12
    농사에 좋은 흙 만들기 **14** │ 석회고토 뿌려주기 **16** │ 화단 만들기 **19**

2   텃밭에 작물을 심을 때 고려해야 할 사항 ⸺⸺⸺⸺⸺ 22
    직파 또는 모종 만들기 **22** │ 모종 심는 시기 **23** │ 심을 위치 정하기 **23** │ 돌
    려짓기 **23** │ 거름주기 **24** │ 토양의 산도 **25** │ 재식 거리 **25** │ 멀칭(흙 표면을 덮
    어주는 것) **25** │ 지지대 또는 그물망 설치 **26**

3   농기구 준비하기 ⸺⸺⸺⸺⸺⸺⸺⸺⸺⸺⸺⸺⸺⸺ 27

4   작물별 파종 시기 ⸺⸺⸺⸺⸺⸺⸺⸺⸺⸺⸺⸺⸺⸺ 30

5   모종 준비하기 ⸺⸺⸺⸺⸺⸺⸺⸺⸺⸺⸺⸺⸺⸺⸺ 33
    직파를 할까, 모종을 만들까 아니면 모종을 사서 심을까? **33** │ 모종을 만드
    는 법 **36** │ 오이, 마디호박, 수세미의 공통점은? **38** │ 연작 피해 방지 **40**

6   작물별 지지대 설치법 ⸺⸺⸺⸺⸺⸺⸺⸺⸺⸺⸺⸺ 42
    한 줄 설치법 **43** │ 두 줄 설치법 **43** │ X자 설치법 **43** │ 망 설치법 **44** │ 역사
    다리꼴 설치법 **45**

7   관수시설 – 텃밭에 물주는 법 ⸺⸺⸺⸺⸺⸺⸺⸺⸺ 50

8 비료 사용을 줄여야 한다 ————————————— **55**

시중에 판매하는 비료의 종류 **56** | 퇴비와 비료의 차이 **57** | 텃밭 농사를 지으려면 어떤 비료를 구입해야 하나? **59** | 비료 성분의 역할 **62** | 비료 포대에 씌어 있는 숫자의 비밀 **62**

9 농약 사용을 줄여야 한다 ————————————— **68**

천연농자재 만들기 **71** | 천연제초제 만들기 **75** | 난황유 만들기 **77**

10 병해충 피해 줄이기 ——————————————— **80**

진딧물 퇴치법 **80** | 개미 제거법 **81** | 달팽이 제거법 **83**

Chapter 2 │ 실천편 – 작물별 재배법

1 완두콩 ————————————————————— 86

2 감자 —————————————————————— 91

3 청경채 ————————————————————— 98

4 콜라비 ————————————————————— 102

5 당근 —————————————————————— 106

6 초석잠/택란 ——————————————————— 111

7 상추, 쌈 채소(겨자채, 쑥갓) ————————————— 116

8 브로콜리 ———————————————————— 121

9 비트 —————————————————————— 126

10 대파, 쪽파 ———————————————————— 130

11 열무 —————————————————————— 137

12 땅콩 —————————————————————— 140

13 토란 —————————————————————— 145

14 강낭콩 ————————————————————— 149

15 옥수수 ————————————————————— 153

16 아욱 —————————————————————— 159

17 잎 들깨, 들깨 —————————————— 162

18 생강 ————————————————— 166

19 단호박, 마디호박, 늙은 호박 ————— 171

20 수세미 ————————————————— 179

21 고추 ————————————————— 184

22 토마토 ————————————————— 192

23 가지 ————————————————— 200

24 오이 ————————————————— 204

25 피망, 파프리카 ——————————— 211

26 수박 ————————————————— 215

27 고구마 ————————————————— 219

28 서리태, 메주콩 ——————————— 224

29 멜론, 참외 ————————————— 227

30 김장 배추 ————————————— 231

31 김장 무 ————————————————— 240

32 갓 ——————————————————— 244

33 시금치 ————————————————— 246

34 양파 ————————————————— 250

35 마늘 ————————————————— 253

36 부추 ————————————————— 258

37 아스파라거스 ——————————— 261

38 더덕 ————————————————— 265

39 대추나무 ————————————— 269

40 포도나무 ————————————— 273

나가는 말 281

Chapter 1

준비편 - 텃밭 농사 AtoZ

겨우내 꽁꽁 얼었던 텃밭에서 파릇파릇한 풀들이 솟아나는 것을 보면 봄이 성큼 다가왔음을 느낀다. 이제 긴 겨울도 거의 지나가고 어느새 텃밭에 무엇을 심을지 고민할 때가 되었나 보다. 해마다 같은 작물을 반복해서 심는 경우라면 쉽게 텃밭 계획을 세우겠지만, 혹시 처음 심는 작물이라도 있으면 따져봐야 할 것들도 많다.

01
농사는 흙 만들기로부터 시작된다

예전에 주말농장에서 채소를 키운 적이 있었다. 9.9m²(3평)쯤 되는 땅을 분양받았는데, 내가 했던 일이라고는 모종을 사다가 심고 물을 주거나 풀을 뽑는 것이 전부였다. 밭에 퇴비나 비료를 주지도 않았는데도 채소가 잘 자라는 것을 보고 흙에는 원래 양분이 많은가 보다 했다. 나중에 알게 된 바로는 주말농장 주인이 봄에 땅을 분양하기 전에 미리 퇴비나 비료를 잔뜩 뿌려놓는다고 한다. 그 당시만 해도 농작물은 땅에다 꽂기만 하면 저절로 자라는 줄 알았었다.

그런 개념 없는 농사꾼이었으니 귀촌한 첫해에는 농사가 제대로 될 리가 없었다. 밭에 퇴비를 줘야 한다고 해서 퇴비를 딱 한 포대 구입해서 텃밭 전체에 골고루 뿌려주었는데 그 정도면 충분한 줄 알았다. 창피한 얘기이지만 그때는 퇴비와 비료의 차이도 몰랐었다.

나중에 보니 다른 집 옥수수는 내 키보다도 더 큰 데 우리 집 옥수수는 내 허리만큼도 자라지 못했다. 그래도 옥수수가 몇 개 열리기는 했는데 크기가 딱 내 손바닥 절반 크기였다. 처음 심은 배추는 어떻고? 잎이 누렇게 뜬 자그마한 배추를 보고 주위 분들은 기가 막혀 하셨다. "거름 부족이야. 비료 좀 줘야겠어!" 우리 집 첫해 텃밭 농사는 그렇게 우여곡절을 겪으며 시작되었다.

처음 농사를 시작한 분들의 텃밭은 거친 흙살이 그대로 드러난 경우가 많다. 거름기도 전혀 없어 보이는 흙인데, 농작물의 잎은 짙다 못해 검푸른 색이다. 틀림없이 비료를 왕창 뿌려주며 농작물을 키우고 있다는 말이다. 아무리 척박한 땅이라고 하더라도 비료만 뿌려주면 채소가 자란다. 어쩌면 비료가 만병통치약처럼 보이기도 한다.

일반적으로 고추와 같은 작물은 모종을 심고 한 달이 지나면 웃거름을 주라고 한다. 물론 처음에는 시키는 대로 따라서 한다. 그런데 조금 자신감이 붙으면 비료의 과용이 시작된다. 작물을 옆집보다 더 빨리 더 크게 키울 욕심으로 오가며 수시로 비료를 뿌려준다. 비료를 많이 뿌려준다고 해도 웬만해선 농작물이 죽는 것도 아니니, 그까짓 비료 과용으로 인한 문제쯤은 아랑곳하지 않고서 말이다(또는 비료를 얼마만큼 줘야 하는지 모르기 때문일 수도 있다).

하지만 전문적인 농사꾼이라면 밭의 상황에 맞추어 비료를 줄 수 있어야 한다. 이럴 때 나는 잎의 크기나 색깔을 보고 판단을 한다. 연한 빛이면 비료를 조금 넉넉히 주고, 짙은 색이면 비료 주기를 건너뛰기

농사는 흙 만들기로부터 시작된다

도 한다. 처음에는 그 차이를 느끼지 못할지 모르지만, 조금만 관심을 갖고 지켜보면 그 미세한 차이가 보이기 시작한다.

예전부터 우리나라는 비료를 많이 사용한다는 이야기를 들어왔다. 2019년 〈농민신문〉에 의하면, 우리나라의 화학비료 사용량은 예전에 비해 많이 줄어들었다고 한다. 아마도 정부의 화학비료 보조금 중단과 유기질 비료 지원 확대정책에 힘입어 많이 개선이 된 것 같다. 하지만 2019년 우리나라의 비료 사용량은 1ha(3천 평) 당 268kg으로 아직도 미국의 2배, 캐나다의 3.4배 수준이라고 한다.

농사를 잘 지으려면 먼저 흙이 좋아야 한다. 흙이 좋아야 병 피해도 줄어들고, 무슨 작물을 심더라도 잘 자란다. 그런데 사람들은 좋은 흙을 만드는 데는 별로 관심이 없고, 상품성 있는 농작물을 만들어내기 위해서만 경쟁을 하는 것 같다. 그래서 농약과 비료를 과용하며, 농작물이 더 크고 흠집 하나 없으면 농사를 잘 지었다고 자랑을 한다. 미래를 생각하지 않고 지금 당장 눈에 보이는 이익만을 추구하는 요즘의 농사 실태가 조금은 안타깝다.

우리나라 토양의 대부분은 화강암이 오랜 기간 풍화된 흙으로 거름기가 별로 없는 땅이라고 한다. 이런 척박한 땅을 좋게 만들려면 장기간에 걸쳐 끊임없이 퇴비를 주고 가꾸어야 한다.

농사는 흙 만들기로 시작해서 흙 만들기로 끝난다.

1) 농사에 좋은 흙 만들기

내가 귀촌을 한 직후, 우리 집을 방문하신 지인이 나에게 처음 해주신 말씀은 "농사를 잘 지으려면 먼저 흙부터 잘 만들어야 해!"였다. 평생 농사를 지어오신 그 지인은 우리 집 텃밭을 보시고는 한숨부터 쉬셨다.

"흙살이 이래서야 어디 농사가 되겠나?"

사실 우리 집 텃밭이 위치한 곳은 지대가 낮아 새로 흙을 받아 평평하게 만든 땅이었다. 더구나 새로 받은 흙은 마사토로 거름기라고는 거의 찾아볼 수 없는 뽀얀 모래흙이었다. 글쎄, 말씀은 알겠는데 도대체 어떻게 해야 흙을 잘 만들 수 있는지 막막하기만 했다. 좋은 흙을 만들려면 퇴비만 뿌려주면 되는 건지, 또 얼마나 많이 줘야 하는지 도무지 감이 오지 않았다.

사람들은 땅의 비옥도를 정확히 알고 싶으면 밭흙을 떠다가 농업기술센터에 가서 문의하라고 한다. 물론 규모가 큰 농사라면 당연히 흙의 상태를 먼저 파악해야 한다. 하지만 손바닥만 한 텃밭 농사를 지으면서 토질 검사까지 받겠다고 농업기술센터를 찾아가기란 쉽지 않은 일이다.

지나고 보니 정확하지는 않더라도 대충 흙의 상태를 판단할 수 있는 기준이 있다. 만약 기존에 밭이었던 땅을 텃밭으로 만든 경우라면 퇴비만 적당히 줘도 그럭저럭 농사를 지을 수 있다. 특히 관행농법으로 농사를 지어온 땅이라면 아마도 땅속에 비료가 고착화되어 있을 테고(비료가 남아 있지만 경화되어 식물이 흡수할 수 없는 상태), 또 제초제와 농약 성분도 많이 남아 있을 것이다. 이런 토양은 미생물제(EM)를 지속적으로 뿌려주고 퇴비 위주로 거름을 주면 흙이 살아난다.

그러나 우리 집 텃밭처럼 흙을 새로 받아 만든 밭이라면 흙에 거름기가 전혀 없다고 봐야 한다. 보통 땅속 30cm 아래의 흙은 거름기라고는 전혀 없는 무기질이니, 이런 흙에는 거름을 아주 많이 줘야 한다. 해마다 엄청난 양의 퇴비를 넣어줘야 하고, 미량요소나 미생물제도 뿌려줘야 한다. 작물에 따라서는 때때로 비료도 줘야 한다.

거름기가 많은 텃밭인데도 봄이면 이렇게 퇴비를 준다

처음에는 지렁이 한 마리도 보이지 않던 우리 집 텃밭은 15년이 지난 지금에서야 흙이 갈색으로 바뀌었고 지렁이들이 꿈틀거린다. 또 흙은 손으로도 쉽게 파헤칠 수 있을 정도로 부드러워졌다. 이젠 웬만해서는 우리 집 텃밭에 어떤 작물을 심더라도 잘 자란다. 처음 우리 밭을 보고 한숨을 쉬셨던 그 지인은 요즈음 우리 집 텃밭을 보시고는 "흙살이 좋네!"라고 말씀하신다.

흙은 수년에 걸친 꾸준한 노력으로 조금씩 바뀌어간다. 좋은 흙은 결코 하루아침에 만들어지지 않는다.

2) 석회고토 뿌려주기

이른 봄이 되면 농작물을 심기에 앞서 해야 하는 일은 작물이 좋아하는 산도(pH)로 흙을 개량하는 일이다. 처음에는 알칼리나 중성인 토양도 농작물을 계속 심고 비료를 주다 보면 자연적으로 산성으로 변화된다.

산성화된 토양을 중성화시키는 방법으로 주로 석회고토를 뿌려준다. 석회고토는 퇴비를 주기 전 최소 2주 전에 미리 뿌려줘야 길항작용(상반되는 두 가지 요인이 동시에 작용해 그 효과를 서로 상쇄시키는 작용)을 피할 수 있다. 봄에 텃밭에 거름을 뿌려주는 시기가 4월 초/중순경이므로 석회고토는 3월 중순경에 뿌려주면 된다. 과수원의 경우는 조금 더 빠른 2월 말에 뿌려주기도 한다.

석회고토는 3년마다 정부에서 무상으로 제공한다

토양의 산도가 중요하다는 것은 알겠는데, 손바닥만 한 텃밭을 가꾸면서 토양의 산도까지 측정한다는 게 너무 어렵다. 하지만 작물별로 좋아하는 토양의 산도가 다르니 그냥 무시할 수만도 없는 노릇이다.

나는 작물을 크게 세 그룹으로 나누어 석회고토를 뿌려주는 방법을 사용하고 있다. 알칼리성 토양을 좋아하는 작물에는 석회고토를 좀 많이 뿌려주고, 산성 토양을 좋아하는 작물에는 석회고토를 주지 않는다. 약산성을 좋아하는 작물에는 석회고토를 조금만 뿌려준다.

예를 들어, 시금치와 완두콩은 알칼리성 토양을 좋아하므로 특별히 석회고토를 많이 뿌려주고 싶는다. 하지만 감자와 고구마는 산성 토양을 좋아하므로 석회고토를 주지 않고 싶는다. 그 외의 작물들에는 석회고토를 조금만 뿌려주고.

해마다 이른 봄이 되면 나는 텃밭에 구획을 나누고, 어느 곳에 무엇을 심을지 먼저 결정을 한다. 그 다음에 심는 작물에 따라 밭에 적정량의 석회고토를 뿌려주고 있다.

작물별로 좋아하는 토양의 산도를 알기 쉽게 설명하자면,

- 거의 대부분의 작물은 pH6.0~7.0의 약산성 토양을 좋아하므로 약간의 석회고토만 뿌려주면 충분하다. 때로는 한두 해 잊고 지나가도 별 차이를 느끼지 못한다.
- 시금치와 완두콩은 알칼리성 토양(pH7.0~8.0)을 좋아하므로 석회고토를 넉넉히 뿌려줘야 한다. 석회고토 없이 그냥 심었다가는 씨앗의 발아율이 현격히 떨어진다. 나도 처음에는 시금치 재배를 계속 실패했는데, 그 이유가 토양의 산도 때문이라는 것을 나중에야 알았다.
- 감자와 고구마는 산성 토양을 좋아한다. 감자와 고구마 밭에는 석회고토를 주지 않고 심는다.

(1) 작물별 적정 pH 값
- 산성 토양을 좋아하는 작물(pH5.0~6.0): 감자, 고구마, 수박
- 약산성 토양을 좋아하는 작물(pH6.0~7.0): 토마토, 고추, 가지, 피망, 상추, 오이, 마늘(pH6.5~7), 땅콩, 배추, 강낭콩, 옥수수, 토란, 파, 부추, 무, 작두콩 등 거의 모든 농작물
- 알칼리성 토양을 좋아하는 작물(pH7.0~8.0): 시금치, 완두콩

(2) 과수별 적정 pH 값

• 대추: pH5.5~6.5
• 포도: pH6.5~7.5

대추는 산성 토양을 좋아하지만, 포도는 중성/알칼리성 토양을 좋아하므로 석회고토를 뿌려줘야 한다.

3) 화단 만들기

농사를 지을 때 밭의 면적이 넓은 경우에는 농기계의 힘을 빌려야 한다. 밭의 면적이 아주 넓으면 트랙터를 이용하고, 중간 정도면 관리기로 밭을 갈아주면 된다. 그런데 텃밭의 규모가 애매하다면? 농기계를 사기도 애매하고, 밭이 작다고 이웃도 갈아주지 않으려 한다면?

아무리 작은 텃밭이라고 하더라도 해마다 삽질만으로 밭을 갈아엎는다는 것은 결코 쉬운 일이 아니다. 자칫하면 즐거워야 할 텃밭 농사가 고행의 길이 된다. 이럴 때 유용하게 써먹을 수 있는 방법이 있으니 바로 화단을 만드는 것이다. '레이즈드 베드Raised bed'라고 '테두리 있는 화단' 정도로 이해하시면 될 것 같다.

내가 없는 살림에도 불구하고 텃밭 하면 무조건 화단부터 만들려는 데는 그만한 이유가 있다. 초보 농부 시절, 멋모르고 삽질을 너무 해서 손에 작업통이 온 이후로는 삽만 들고 흙과 씨름하는 게 무섭다. 더구나 한 번 하고 끝낼 싸움도 아니니 다른 방법을 찾아야 했다.

화단을 만들었을 때의 장점은 화단 안의 흙이나 거름이 유실되지 않아서 좋고, 흙을 밟을 일도 없으니 단단하게 굳지도 않는다. 다시 말해서 해마다 굳은 흙을 갈아주기 위해 삽을 들고 씨름을 하지 않아도 된다는 말이다.

우리 집은 밭고랑(작물이 심어져 있는 줄과 줄 사이의 통로)에 자라는 풀을 끈 예초기로 깎아주는데, 화단은 풀을 깎을 때에도 진가를 발휘한다. 화단이 있으면 예초기 끈에 멀칭한(농작물이 자라고 있는 땅을 짚이나 비닐로 덮는 일) 비닐이 찢어지는 일이 없으니 손쉽게 텃밭의 풀을 깎을 수가 있다. 지금은 화단도 널리 알려져서 도시 근교의 주말농장에서도 많이 사용한다고 한다.

내가 만드는 화단의 규격은 폭 1m, 길이 10m 내외다(시멘트벽돌 화단은 폭이 85cm이고, 방부목 화단은 폭이 1m이다. 벽돌 두께가 15cm를 차지한다). 땅의 형태에 따라 화단의 길이는 달라지는데, 화단과 화단 사이의 사람이 다니는 통로는 폭이 80cm이다. 이렇게 넉넉하게 간격을 두고 밭을 만들어야 바람도 잘 통하고, 병 피해도 적다. 나보다 더 넓게 통로를 만드는 사람도 봤다.

처음에는 화단을 시멘트 벽돌로 만들었는데, 이랑 하나를 만드는 데도 며칠씩 걸리곤 했다. 쪼그리고 앉아서 일일이 반죽한 시멘트를 넣어가며 벽돌을 3단으로 쌓느라 엄청 고생했던 기억이 새롭다. 그에 비해 방부목으로 화단을 만드는 일은 아주 쉽다.

방부목이 몸에 해롭다는 분도 계시지만, 요즘 판매하는 방부목(방부목에 ACQ라고 씌어 있음)은 방부제로 구리 성분을 사용하므로 나름 친환경적인 제품이라고 한다. 미국에서 시험한 결과에 따르면 ACQ 방부목은 독성이 적고 농작물에 잘 흡수되지 않으므로 화단으로 사용해도 된다고 한다.

방부목 화단 만드는 방법을 설명하자면, 먼저 화단이 위치할 자리에 말뚝(고춧대)을 박고 줄을 띄워준다. 그 줄을 따라 삽괭이로 얕게 홈을 파낸 다음, 방부목을 홈에 끼워 넣으면서 사각형 박스를 만들면 된다. 이때 방부목이 흙속에 약간은 묻히도록 해줘야 봄에 화단이 옆으로 밀려나지 않는다.

벽돌 화단(좌)과 방부목 화단(우)

내가 사용하는 방부목의 폭이 14cm이므로 비슷한 높이로 시멘트 벽돌을 쌓으려면 거의 3장을 쌓아야 한다. 자재 가격을 비교하면 방부목이 시멘트 벽돌보다 약간 비싸지만 인건비를 고려하면 방부목이 훨씬 싸게 먹힌다.

내가 화단을 만들고 농사를 지은 지 15년이 넘은 지금, 우리 밭의 흙은 손으로 파헤칠 수 있을 정도로 부드러워졌다. 긴 장마로 비가 많이 내려도 물 빠짐이 좋은 우리 집 텃밭에서는 작물들이 생생하게 자란다. 봄에 거름을 뿌리고 밭을 갈아주는 일도 반나절이면 끝낼 수가 있다.

작은 규모의 텃밭을 가진 분이라면 화단을 한 번쯤 고려해보시는 것도 좋을 것 같다. 초기 투자비가 좀 들어가긴 하지만 그만한 가치는 충분히 있다. 어차피 한두 해 농사짓고 그만둘 생각이 아니라면 말이다.

02
텃밭에 작물을 심을 때 고려해야 할 사항

1) 직파 또는 모종 만들기

먼저, 직파(밭에 직접 씨앗을 뿌리는 것)를 할 것인지 모종을 만들어 심을 것인지를 결정해야 한다. 대부분의 작물은 모종을 만들어 심는 것이 발아율도 높고 효율적(종자값도 적게 들어간다)이다. 또 모종을 만들어 심으면 작물의 생육기간이 길어져 수확량도 늘릴 수 있다. 그렇지만 무(큰 무, 열무, 총각무 등)처럼 옮겨심기 힘든 작물은 직파를 해야 한다.

'콩 세 알을 심어 하나는 내가 먹고, 하나는 새가 먹고, 하나는 벌레가 먹는다'라는 옛말처럼 콩 종류도 대부분 직파를 한다. 하지만 새가 파헤쳐 땅콩 농사를 망친 이후로 나는 종자값이 비싼 땅콩만큼은 일부러 모종을 만들어 심는다(아니면 쥐도 새도 모르게 심든가!).

그 외에도 비트나 청경채, 콜라비, 브로콜리, 상추와 같은 쌈 채소는 모종을 만들어 심는다. 하지만 집에 비닐하우스가 없으면 모종을 만드는 일도 쉽지가 않다. 그래서 텃밭에 자급용으로 몇 포기씩 심는 경우는 굳이 모종을 만들기보다는 시장에서 구입하는 편이 나을 수도 있다.

2) 모종 심는 시기

모종을 심는 시기는 지역에 따라 다르므로 딱히 언제라고 집어 말하기가 어렵다. 중부지방과 남부지방이 다르고, 같은 중부지방이라 하더라도 지역에 따라 기후가 달라지기 때문이다. 중부지방의 경우 대부분의 모종은 4월 말~5월 초순에 심지만, 늦서리가 자주 찾아오는 지역은 5월 초순 이후에 심는 것이 안전하다.

따라서 처음 농사를 지을 때에는 그 지역 기후를 잘 아는 동네 분들을 따라 심는 것이 좋다. 또 농사일지를 만들어 언제 무엇을 심었고 날씨가 어땠는지 기록해두면, 몇 년 뒤에는 우리 집에 최적화된 농사 시기를 찾아낼 수도 있다.

3) 심을 위치 정하기

밭이랑은 동서보다는 남북 방향으로 길게 만드는 것이 햇빛을 골고루 잘 받는다. 그리고 농작물의 키가 얼마나 크게 자라는지도 고려해야 한다. 가급적이면 키가 작은 작물은 앞쪽에, 키가 큰 작물은 뒤쪽에 배치해야 한다. 키 큰 작물을 밭 가운데 심으면 그 주위의 작물은 햇빛을 보지 못해 누렇게 변한다.

4) 돌려짓기

연작 피해를 피하려면 돌려짓기는 필수다. 같은 자리에 계속 심으면 처음 몇 년 동안은 괜찮아 보이다가도 어느 순간 농사 망치는 때가 틀림없이 온다. 특히 별개의 작물처럼 보이더라도 같은 과에 속하면 돌려짓기를 해야 한다. 예를 들면 감자, 가지, 토마토, 고추는 생긴 것은 달라도 모두 '가지과'에 속하므로 같은 작물로 친다. 또 오이와 호박, 수세미는 같은 '박과'에 속한다.

텃밭에 심는 작물의 대부분이 가지과나 박과에 속하니 돌려짓기를 하기가 어렵다. 그래서 지속적으로 원하는 작물을 심으려면 텃밭은 어느 정도 규모가 있어야 한다. 돌려짓기를 하지 않아도 되는 작물은 옥수수나 고구마 정도인 것 같다. 최근에야 알았는데 옥수수나 고구마도 5년에 한 번씩은 돌려짓기를 하는 게 좋다고 한다.

5) 거름주기

밭을 만들 때 퇴비나 비료를 뿌려주는데, 작물에 따라 거름을 주는 종류와 양이 달라진다. 예를 들어 고구마나 서리태, 메주콩은 질소 성분을 많이 주면 웃자라고 소출이 줄어들지만, 고추나 옥수수는 다비성 작물로 거름을 많이 줘야 한다. 따라서 작물별로 주는 거름의 종류와 양이 달라져야 한다. 이 부분이 초보자들이 가장 어려워하는 부분이다.

밭에 뿌려준 화학비료는 유효기간이 한 달 이내로 그다지 길지 않다. 그래서 대개는 작물을 심는 시기가 가까워져서야(보통 보름 전에) 거름을 뿌려주고 밭을 만든다. 그렇다고 거름을 주고 곧바로 농작물을 심는 것도 가스 피해의 우려가 있으므로 좋지 않다.

또 작물에 따라 밑거름만으로 충분한지 아니면 웃거름도 줘야 하는지 파악해야 한다. 감자처럼 단기간(3월 중순~7월 초순) 재배하는 작물은 웃거름을 주지 않지만, 고추처럼 오랫동안 밭에서 자라는 작물(5월 초순~9월 말)은 월 1회는 웃거름을 줘야 한다. 웃거름은 퇴비가 아닌 흡수가 빠른 속효성 비료를 사용한다.

6) 토양의 산도

토양은 시간이 지나며 서서히 산성화되어 간다. 특히 비료를 많이 사용하는 밭은 산성화 속도가 빠르다. 그래서 토양을 중성화시킬 수 있도록 석회고토(정부에서 3년마다 무상으로 석회고토를 준다)를 뿌려줘야 한다. 석회고토는 비료와 만나면 화학반응이 일어나므로 최소 15일 간격을 두고 미리 뿌려줘야 한다.

7) 재식 거리

모종을 심거나 씨앗을 파종할 때 재식 거리(줄 간격과 포기 간격)를 얼마로 할 것인지 결정해야 한다. 단위면적당 모종을 많이 심는다고 꼭 수확량이 늘어나는 것은 아니다. 예를 들어 가까이 심은 고추는 크게 자라지 못하지만, 간격이 넓으면 포기수가 줄어드는 대신 크게 자라므로 소출도 늘어난다. 따라서 전체 수확량에는 큰 차이가 없고, 오히려 여유 있게 심는 편이 바람도 잘 통하고 병충해 피해도 적게 발생한다. 작물별로 추천하는 재식 거리를 참조하면 된다.

8) 멀칭(흙 표면을 덮어주는 것)

요즘은 누구나 풀이 무서워 비닐을 씌우고 농사를 짓는다. 비닐 멀칭은 풀을 억제하고 이른 봄에 지온을 높여주는 장점도 있지만, 반대로 뿌리의 발달을 억제하는 단점도 있다(여름철 검은 비닐 속은 아주 많이 뜨겁다). 또 비가 와도 빗물이 땅에 스며들지 못하므로 인위적으로 물을 공급해주지 않으면 가뭄을 탄다. 나는 작물에 따라 비닐 멀칭 여부를 결정하는데, 작은 텃밭이라면 비닐 없이 농사짓는 것을 선호한다.

9) 지지대 또는 그물망 설치

키가 큰 작물 중에는 넝쿨을 타고 올라가는 작물이 많다. 따라서 작물에 따라 지지대를 세워줄지, 유인줄을 설치할지, 그물망을 씌어줄지를 결정해야 한다. 열매가 작고 가벼운 작물은 오이망으로도 지탱이 되지만, 멜론이나 단호박과 같이 무거운 작물은 오이망만으로는 어림도 없다. 또 지지대를 설치하는 방법이나 지지대의 크기는 작물이나 주변 여건에 따라 달라진다.

그 외에도 반그늘을 좋아하는 작물(취나물)도 있고, 물을 많이 좋아하는 작물 (토란, 미나리)도 있다.

이렇게 작물의 상태를 먼저 파악하고, 앞에서 언급한 여러 조건들을 고려해서 재배를 하면 초보라 해도 크게 실패하는 법이 없다. 오랫동안 농사를 지어오신 분들은 요즘 단골처럼 발생하는 이상기후에도 웬만해서는 수확량이 크게 차이가 나지 않는데, 아마도 이러한 조건들을 본능적으로 알고 미리 조치를 취하기 때문일지도 모르겠다.

모든 조건을 완벽하게 갖추며 농사를 지을 수는 없다. 그렇다고 무조건 남들 따라 농사를 짓는 것도 대안이 될 수가 없다. 전문가가 되려면, 무턱대고 빈 땅에 작물을 심기보다는 작물별로 다양한 특성을 고려하며 텃밭을 가꾸어야 하지 않을까 싶다.

농사도 아는 만큼 보인다.

03
농기구 준비하기

아무리 작은 텃밭이라지만 맨손으로 땅을 일구고 씨앗을 심을 수는 없는 일이므로 모든 것에 앞서 기본이 되는 농기구들을 준비해야 한다. 최근에 귀촌해 텃밭 농사를 시작한 지인으로부터 연락이 왔다.

"텃밭 농사를 지으려면 무슨 농기구를 사야 하죠? 농기구들을 사러 왔는데 워낙 종류가 많아서요."

"글쎄요…"

우리 집에 있는 농기구들을 모두 나열하려다가 문득 녹이 슨 채 창고에 걸려 있는 농기구들이 생각났다. 처음에는 필요해 보여 구입했는데, 막상 텃밭을 가꾸다 보니 사용하지 않는 것들이 태반이다. 또 한 개면 충분한 것을 왜 몇 개씩이나 구입했는지도 모르겠다. 물론 각자 처한 환경에 따라 필요한 농기구가 달라지겠지만, 일반적으로 많이 사용하는 농기구들을 정리해봤다.

• 호미: 호미는 텃밭 농사짓는 사람에게는 가장 기본이 되는 공구다. 다른 건 몰라도 호미만큼은 두 개는 있는 게 좋다. 혼자서 밭일 도 맡아할 게 아니라면.

- **모종삽**: 모종삽도 있어야 한다. 폭이 넓은 것과 좁은 것, 두 개는 있어야 한다. 모종을 이리저리 옮기려면 아무래도 모종삽이 있어야 편리하다.

- **낫**: 일반적으로 많이 사용하는 줄낫과 굵은 가지를 쳐낼 때 사용하는 조선낫이 있다. 줄낫은 가볍고 날렵해 풀을 벨 때 사용하는 낫이고, 조선낫은 묵직해서 나무의 굵은 가지도 쳐낼 수가 있다. 낫은 왼손잡이용과 오른손잡이용으로 구분해 판매된다(날 각도가 다르다).

- **삽**: 삽은 땅을 파는데 사용하는 일반 삽과 끝이 사각형인 각삽이 있다. 삽이야 땅을 파거나 뒤집을 때 사용하고, 각삽은 흙을 퍼서 옮길 때 사용한다. 삽자루는 나무보다는 쇠로 만든 것이 튼튼하고 오래 간다.

- **삽괭이**: 밭을 만들 때 사용한다. 특히 고랑을 만들 때나 고랑에 자란 풀을 긁어낼 때도 사용한다. 서서 일할 때 사용하므로 활용도가 상당히 높은 공구다.

- **(쇠)포크**: 우리 집에서 가장 많이 사용하는 공구다. 특히 강철포크가 좋은데 흙을 뒤집는 일부터 농작물을 수확할 때까지 전천후로 사용하고 있다. 포크 부분이 강철로 되어 있어 휘지 않는 것을 구입해야 한다.

- **갈퀴**('레기'라고도 함): 갈퀴는 땅을 평평하게 만들 때 사용한다. 봄에 밭을 만들 때 꼭 있어야 하는 공구다.

- **외발수레**: 물건을 나르는데 필요하다. 퇴비를 퍼 나르거나 무거운 물건을 옮길 때에도 사용한다. 플라스틱 제품은 햇볕에 약하므로 짐칸이 알루미늄으로 된 외발수레가 좋다.

- **물뿌리개**: 플라스틱과 양철로 만들 물뿌리개가 있는데, 플라스틱
  은 햇볕에 약하고 양철은 녹이 슨다. 햇볕이 닿지 않도록 보관을
  할 수 있으면 플라스틱 물뿌리개가 낫다.
- **고추 지지대**: 길이가 1미터부터 2.3미터까지 다양한 길이의 고추
  지지대를 판매한다. 재배하는 작물에 따라 길이를 선택하면 되는
  데 가볍고 튼튼하다. 한 번 구입하면 반영구적으로 사용할 수 있
  다. 텃밭에 심는 작물들 중에는 지지대를 설치해줘야 하는 작물들
  이 많다.

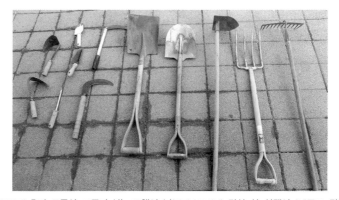

(왼쪽부터) 호미, 모종삽, 고구마 심는 꼬챙이, 낫(아래가 조선낫), 각삽, 삽, 삽괭이, (쇠)포크, 갈퀴

그 외에도 다양한 농기구가 있지만 여기에 언급한 정도만 있으면 텃
밭 농사를 시작하는데 큰 불편은 없어 보인다. 일단 이들 농기구로 시
작을 하고, 나중에 좀 더 필요한 기구가 있으면 그때 구입을 해도 늦지
않다. 우리 집 창고에는 처음에 멋모르고 구입한 농기구들이 아직까지
녹이 슨 채 걸려 있다.

04
작물별 파종 시기

처음 텃밭 농사를 시작하며 어려워하는 부분이 작물별 파종 시기다. 남들 심은 것 보고 따라 심을 수는 있지만 자칫하면 모종 심는 시기를 놓칠 수도 있다. 더구나 만약 모종을 집에서 만들 생각이라면? 사실 모종을 심는 시기는 지역에 따라 다르므로 딱히 언제라고 꼭 집어 말하기가 어렵다. 중부지방과 남부지방이 다르고, 같은 중부지방이라 하더라도 지역에 따라 기후가 달라진다. 또 같은 지역 안에서도 집이 위치한 장소에 따라 기온이 달라지기도 한다. 예를 들어, 바람을 막아주는 곳이 없는 우리 집은 항상 남들보다 기온이 1~2℃는 낮은 편이고, 냉해 피해도 크다.

중부지방의 경우 대부분의 모종은 4월 말~5월 초순에 심지만(남부지방은 더 일찍 심겠지만), 우리 집처럼 늦서리가 자주 찾아오는 지역은 5월 초순이 지나서 심는 것이 안전하다. 따라서 처음 농사를 지을 때에는 그 지역 기후를 잘 아는 동네 분들을 따라 심는 것이 안전하다. 또 농사일지를 만들어 해마다 언제 무엇을 심었는지, 또 냉해 피해가 없었는지를 기록해두면 우리 집 텃밭에 최적화된 농사 시기를 찾아낼 수 있다. 한두 해라면 잘 모르겠지만 기록이 쌓이면 훌륭한 자료가 된다.

아래의 표는 각자의 텃밭에 적용할 수 있도록 작물별로 모종을 만드는 시기와 밭에 심는 시기를 정리했다. 이른 봄부터 늦가을까지 심는 순서대로 작성을 했다. 모든 작물을 다 설명할 수는 없고, 우리 집 텃밭에서 자주 볼 수 있는 흔한 작물들이다.

작물별 모종 만들기/ 파종 시기/ 모종 심는 시기(중부지방 기준)

작물명	모종 만들기	육묘 기간	정식하기(직파/모종)
완두콩			3월 말(직파)
감자			4월 초순(종자 직파)
청경채	3월 초순	30~40일	4월 초순(모종)
콜라비	3월 초순	30일	4월 초순(모종)
당근			4월 초순(직파) 7월 중순(직파)
초석잠			4월 초순(종구 직파)
상추, 쌈 채소	3월 초순	35~45일	4월 중순(직파, 모종)
브로콜리	3월 중순	30일	4월 중순(모종)
비트	3월 중순	45일	4월 말(모종)
대파			4월 중순(모종)
열무			4월 초순~5월 말(직파)
땅콩	3월 말경	30~40일	4월 중순(직파) 5월 초순(모종)
토란			4월 중순(종구 직파) 5월 초순(모종)
강낭콩			4월 중순(직파)
옥수수	4월 중순	20~25일	4월 중순(직파) 5월 초순(모종)

작물명	모종 만들기	육묘 기간	정식하기(직파/모종)
아욱	4월 초순	30일	4월 중순(직파) 5월 초순(모종)
잎 들깨	4월 초순	30일	5월 초순(모종)
생강			5월 초순(종구 직파)
단호박, 호박	4월 초순	30~40일	4월 말(직파) 5월 초순(모종)
수세미	4월 초순	30~40일	5월 초순(모종)
고추, 토마토, 가지, 오이, 피망/파프리카, 수박			5월 초순(모종)
고구마			5월 초순(고구마 순)
서리태, 메주콩			6월 중순(직파)
멜론			6월 말~7월 초순(모종)
들깨	6월 중순	30일	7월 중순(모종)
김장 배추			8월 말(모종)
김장 무			큰 무 8/25(직파) 동치미 무 8월 말(직파) 총각무 9월 초순(직파)
쪽파			8월 말(종구 직파)
갓			9월 중순(직파)
시금치			9월 초순~ 10월 초순(직파)
양파			10월 중순~ 10월 말(모종)
마늘			10월 중순~ 10월 말(종구)

05
모종 준비하기

1) 직파를 할까, 모종을 만들까 아니면 모종을 사서 심을까?

텃밭에서 채소를 키우려면 밭에 직접 씨앗을 뿌리기도 하고, 모종을 만들어 심기도 한다. 작물의 특성에 따라 심는 방법이 달라지는데, 대부분의 작물은 모종을 만들어 심는 것이 효율적이다.

모종을 만들면 씨앗의 발아율이 높아지므로 종자값을 아낄 수 있다. 또한 남들보다 빠른 수확을 할 수도 있고, 생육기간이 늘어나니 소출도 많아진다. 반면에, 무나 당근처럼 옮겨심기를 하면 죽거나 생육이 불량해지므로 꼭 직파를 해야 하는 작물도 있다. 그 외에 콩이나 옥수수는 형편에 따라 모종을 만들어도 되고, 직파를 해도 된다.

또 다른 대안으로 모종을 구입해서 심는 방법도 있는데, 소규모로 텃밭 재배를 하는 경우에는 일반적으로 모종을 구입해서 심는 것이 유리한 경우가 많다.

텃밭 재배의 경우에는 작물별로 필요한 모종의 수량은 그다지 많지 않다. 텃밭에서 흔히 볼 수 있는 대부분의 작물들은(가지, 토마토, 오이, 호박, 피망 등) 몇 포기씩만 심어도 한 가족이 먹기에 충분한 양이 나온다.

반면에, 모종을 만드는데 들어가는 비용은 만만치가 않다. 대부분의 씨앗 한 봉지에는 몇 백 개에서 몇 천 개의 종자가 들어 있는데, 일반 가정에서 쉽게 소비할 수 있는 양이 아니다. 더구나 구입한 씨앗을 언제까지고 보관하며 사용할 수 있는 것도 아니다. 한 번 사용한 씨앗은 밀봉해 냉장고에 넣어두면 4~5년 정도는 사용할 수 있는데, 시간이 지날수록 발아율은 떨어지게 마련이다. 그래서 우리 집은 지금도 상당수의 모종을 구입해 심는다.

봄이면 구입하는 모종들

필요에 따라 일부 작물은 직접 모종을 만들기도 한다. 예를 들어 땅콩은 직파를 해도 되지만 쥐나 새의 피해를 입기 쉽다. 예전에 몇 번 새 피해를 입은 이후로는 땅콩만큼은 꼭 모종을 만들어 심는다. 비트도 땅에 직파를 해도 되지만 발아율이 현격히 떨어지므로 모종을 만들어 심는다. 비트는 종자값도 비싸다.

다만 모종을 만들려면 비닐하우스와 같은 시설이 있어야 한다(물론 집안에서 만들어도 된다). 열악한 환경에서 모종을 제대로 만들지 못하면 나중에 오히려 생육이 부진해지므로 모종을 만들기보다는 차라리 직파를 하는 편이 더 낫다.

집에서 (비닐하우스) 직접 만드는 모종들

부추나 더덕, 아스파라거스는 다년생 작물로 해마다 심을 필요가 없고, 마늘과 쪽파는 수확한 종구 일부를 남겨 두었다가 다음해에 종자로 사용한다. 토란과 생강은 일반 가정에서 종자를 보관하기가 어려우므로 해마다 새로 종구를 구입해 심는다. 감자는 집에서 종자를 보관했다 심어도 되지만 소출이 줄어들 각오를 해야 한다.

특히 해마다 품종이 개량되어 신품종이 나오는 고추는 종자값도 비싸지만 모종을 만들기도 어려우므로, 고추를 대량으로 재배하는 농가들조차 전문가가 만든 모종을 구입해 심는다. 그 외에 콩 종류와(땅콩을 포함) 호박, 들깨, 오이, 수세미는 씨앗을 채종했다가 심어도 문제가 없다.

하지만 그 이외의 요즘 개량된 대부분의 품종들은 종자를 구입해서 심어야지, 씨앗을 채종해서 심으면 제대로 열매가 맺히지 않는다. 품종 자체가 상업적인 목적으로 개발되었기에 유전자 조작을 통해 재생산이 되지 않도록 처리되었다고 한다. 요즘 유행하는 맛있는 옥수수도 종자를 구입해서 심어야만 수확할 수 있다. 단 토종 농작물 종자는 씨앗을 채종해 심어도 된다.

- 종자/종구를 심는 작물: 감자, 토란, 생강, 마늘, 쪽파, 부추(뿌리 나눔), 더덕, 아스파라거스(뿌리 나눔), 토란(모종을 구입하기도 함)
- 모종을 구입하는 작물: 고추, 토마토, 가지, 오이, 수세미, 단호박, 마디호박, 수박, 멜론, 피망, 파프리카, 고구마(순을 구입), 김장 배추, 양파, 대파, 쌈 채소
- 직파를 하는 작물: 무 종류(열무, 김장 무, 총각무, 당근), 시금치, 콩 종류(강낭콩, 서리태, 메주콩, 완두콩), 옥수수, 늙은 호박
- 모종을 만드는 작물: 땅콩, 콜라비, 비트, 상추, 들깨, 청경채, 아욱, 호박(모종을 구입하기도 함), 김장 배추(배추를 많이 심는 경우)

2) 모종을 만드는 법

모종을 만들 때 씨앗은 흙이 살짝 덮일 정도로 얕게 심는데, 일정시간(씨앗 별로 시간이 다르다) 씨앗을 물/발아액에 담갔다가 심어야 발아가 잘된다.

- 발아가 빠른 작물(감자, 토란, 콩): 1~2시간
- 발아가 중간인 작물(옥수수, 배추, 마늘): 4시간
- 발아가 느린 작물(고추, 토마토): 7시간
- 묘목은 심기 12시간 전에 물에 담근다.

모종 만드는 법을 설명하자면, 먼저 모판에 상토를 가볍게 붓고 윗면을 평평하게 쓸어낸다. 그 다음에 같은 크기의 다른 모판을 그 위에 올려놓고 가볍게 눌러준다. 그러면 모판 전체가 일정하게 눌리게 된다. 여기에 물을 흠뻑 뿌려준다. 그리고 씨앗을 넣고, 그 위에 가볍게

상토를 다시 덮어준다. 가볍게 손으로 윗면을 톡톡 쳐주면 나중에 물을 줄 때 상토가 덜 파인다. 다시 물을 뿌려주면 끝이다.

상토를 담고(좌), 다른 모판으로 눌러주고(중), 씨앗을 넣는다(우)

모종을 만들 때는 온도와 습기를 잘 맞추어줘야 발아가 잘된다. 그 이외에 고려해야 할 사항으로는 모종을 언제쯤 밭에 심을지 날짜를 정하고 모종을 만들어야 한다. 마음만 급하다고 모종을 너무 빨리 만들면 오히려 문제가 발생한다.

예전에 강낭콩을 빨리 키워볼 욕심으로 일찌감치 모종을 만들었다. 모판에서 싹이 많이 자랐는데 하필이면 그 해 따라 날씨가 유난히 추웠다. 그렇다고 모판에 오래 둘 수도 없으므로(모판에서 너무 오래 키우면 나중에 정식을 하더라도 발육이 부진해진다) 어쩔 수 없이 밭에 강낭콩을 심어야 했다. 그래도 혹시나 했는데 강낭콩은 여지없이 냉해 피해를 입었고, 다시 강낭콩을 심어야 했다.

따라서 모종을 만들 때에는 밭에 정식할 날짜에서 육묘에 필요한 날짜를 역으로 계산해서 모판에 씨앗을 넣는 시기를 결정해야 한다.

3) 오이, 마디호박, 수세미의 공통점은?

오이, 마디호박, 수세미의 공통점이 무엇인지 아세요? 제일 먼저 떠오르는 공통점은 넝쿨을 타고 올라가는 키가 큰 작물이라는 점이다. 이들은 키가 보통 2미터 이상 자라고, 지지대나 망을 설치하지 않으면 혼자서는 서 있지도 못한다. 모양도 모두 길쭉하게 생겼다. 예전에는 오이와 마디호박뿐만 아니라 수세미도 시골집에서 흔히 볼 수 있는 작물이었다는데, 지금은 수세미는 공장에서 만든 제품에 밀려 거의 사라진 것 같다.

몇 년 전, 아내가 수세미를 한 번 심어보자고 했다. 해마다 키가 큰 호박과 오이, 그리고 토마토 심을 자리를 찾기도 어려웠다. 넝쿨을 타고 올라가는 키가 큰 작물은 아무 데나 심을 수가 없다. 행여 밭 가운데에 심기라도 하면 주위에 있는 작물들은 햇빛을 제대로 받지 못해 누렇게 뜨거나 키만 멀쑥하게 자란다. 호박이야 어디에 심어도 잘 자란다지만, 2~3년 휴작을 해야 하는 오이와 토마토는 매번 장소를 바꾸기도 쉽지가 않았다. 그런데 이제는 수세미 심을 자리도 찾아야 한다.

오이(좌), 마디호박(중), 수세미(우). 서로 닮아 보이나요?

예전에 포도나무를 심었던 자리에 키가 큰 작물을 돌려가며 심을 수 있는 밭을 하나 더 만들었다. 이제 그곳에 오이, 호박, 토마토, 수세미를 돌려가며 심기로 했다. 계획은 좋았는데 수세미 재배법에 대한 자료를 찾다가 수세미가 '박과'에 속한다는 것을 알았다. 수세미가 호박과 같은 '박과'에 속한다고? 생긴 것이 별로 닮지도 않았는데? 아무튼 닮지는 않았어도 조상은 같다는 얘기다.

계획에 차질이 생기기 시작했다. 내가 이렇게 족보를 따지는 이유는 바로 연작 피해 때문이다. 한두 해야 같은 곳에 심어도 별 영향이 없을지 모르지만, 기간이 길어지면 틀림없이 농사 망가지는 때가 온다. 그러다가 문득 오이가 떠올랐다. 그간 오이와 마디호박은 토마토처럼 전혀 다른 작물이라고 생각해왔다. 생긴 것부터 다르니 오이와 호박을 같은 과의 식물이라고 생각하는 사람은 거의 없을 것 같다.

그런데 오이는 어째 생긴 것부터 수세미와 비슷하다. 수세미가 박과라면 혹시 오이도? 급히 자료를 찾아보니 역시나 오이도 '박과'라고 한다. 헉, 기가 막혀서! 처음 계획대로라면, 연작을 피한답시고 '박과 식물' 세 가지를 돌아가며 심으려 했던 것이다. 다행히 호박이나 수세미는 계속 같은 장소에 심어도 연작 피해가 없다고 한다. 결국은 만만한 게 토마토뿐이니 오이와 토마토의 위치를 바꾸기로 했다. 비닐에 구멍을 뚫기 전에 알아차렸기 망정이지, 하마터면 비닐을 다시 교체하거나 여름 내내 엉뚱하게 뚫린 구멍으로 나오는 잡초를 뽑으며 살아야 했다. 또 이유도 모르고, 왜 오이 농사를 망쳤는지 고민할 뻔했다.

오이와 호박이 같은 '박과' 작물이라니! 역시 생긴 것만으로는 판단하기가 쉽지가 않다. 그런데 나중에 자세히 사진을 들여다보니 잎이 서로 닮은 것 같기도 하다. 수세미도, 오이도, 호박도.

나와 같은 실수를 하시지 말라고, 텃밭에 흔히 심는 작물을 족보대로 분류했다.

- 가지과: 고추, 토마토, 가지, 감자
- 박과: 오이, 호박, 수세미, 수박, 멜론, 참외, 여주
- 배추과(십자화과): 배추, 무, 겨자, 열무, 청경채, 브로콜리, 갓, 콜라비
- 국화과: 국화, 상추, 쑥갓, 취나물
- 백합과: 파, 마늘, 쪽파, 양파, 달래, 부추, 아스파라거스
- 콩과: 콩, 팥, 녹두, 완두, 강낭콩, 땅콩

4) 연작 피해 방지

텃밭의 크기가 대략 165m²(50평) 정도라면 한 가족이 웬만한 채소와 양념은 거의 다 자급자족할 수 있는 규모라고 보면 된다. 과수원 빼고, 여기저기 흩어져 있는 우리 집 텃밭을 다 합친다면 아마 330m²(100평)는 조금 안 될 듯싶다. 만약 텃밭이 660m²(200평)나 990m²(300평)가 된다면 그것은 이미 자급용 텃밭의 규모를 벗어난 것이고, 삽과 호미만으로 농사짓기에는 무척 고달픈 인생이 시작된다고 보면 된다. 물론 수확한 농산물을 다 먹지도 못한다. 이 경우는 밭의 일부만 자급용이고, 나머지는 판매용 농사를 짓는 셈이다.

> **참조** 돌려짓기의 사전적 의미는, 단일작목을 연속적으로 재배하지 않고 생태적 특성이 다른 여러 작목을 번갈아가며 재배하는 방법을 말한다. 돌려짓기를 함으로써 지력 유지를 꾀하면서 토양 양분의 균형을 유지하고, 작물로부터 생산 배출되는 영양 또는 독성물질에 의해 발생하는 직접적인 생육장해나 병해충 발생을 감소시키고자 하는 목적이 있다.

주위 분들을 보면 귀촌한 후 2~3년간은 농사를 잘 지었다고 큰소리를 떵떵 치신다. 그러다가 농사 실력도 제법 늘었을 몇 년 후에는 오히려 농사를 망쳤다고 하시는데, 그 이유는 대부분 연작 피해인 경우가 많다. 따라서 같은 작물을 한 곳에 계속 심지 않도록 텃밭 계획을 세우고, 꼭 돌려짓기를 해야 한다.

나는 텃밭을 여러 구획으로 나누어 돌려짓기를 한다. 먼저 텃밭 배치도를 그리고, 첫해에 심었던 작물은 다음 해에는 다른 구역으로 옮겨 심는다. 작물에 따라 대부분 3~5년 이상이 지나야 제자리로 다시 돌아오게 된다.

(1) 작물별 휴작이 필요한 기간

- 연작 피해가 작은 작물: 벼, 보리, 옥수수, 고구마, 무, 당근
- 1년 휴작을 요하는 작물: 콩, 시금치, 파, 생강
- 2년 휴작을 요하는 작물: 감자, 땅콩, 오이, 잠두, 마늘
- 3년 휴작을 요하는 작물: 강낭콩, 참외, 토란, 쑥갓, 고추, 토마토
- 5년 휴작을 요하는 작물: 수박, 가지, 완두콩

참조 오이는 키가 크게 자라므로 다른 작물에 그늘이 지지 않도록 텃밭의 맨 뒤쪽에 심곤 했다. 마땅한 자리가 없어 해마다 같은 자리에 심었더니 역시나 오이 밭에 연작 피해의 징조가 보였다. 미생물제(EM 배양액)가 연작 피해를 예방한다는 말이 있어 실험삼아 수차례 뿌려주고 재배를 해봤다. 그 결과 연작 피해가 좀 줄어든 것 같기는 했지만, 겨우 현상 유지를 하는 정도지 만족할 만한 결과가 나오지는 않았다. 그 이후 오이를 심을 때는 무조건 다른 장소로 옮겨서 심는다.

06
작물별 지지대 설치법

텃밭에 심는 작물들 중에는 혼자서는 서 있지도 못하는 작물도 많다. 고추나 토마토처럼 열매 무게를 견뎌내지 못하는 작물도 있고, 오이나 수세미처럼 넝쿨이 타고 오를 지지대가 필요한 작물도 있다. 물론 그런 작물을 그냥 내버려둬도 죽지야 않겠지만, 대신 소출이 줄어들 각오는 해야 한다. 그래도 먹고살자고 짓는 텃밭 농사이니 이왕이면 수확을 많이 할 수 있으면 좋겠다. 그러자면 다소 번거롭더라도 작물의 특성에 맞게 지지대를 설치해줘야 한다.

우리 집 텃밭에 심는 농작물의 종류가 많아지니 지지대를 설치하는 방법도 다양해지고 있다. 물론 기존에 알고 있던 한두 가지 방법만으로 버틸 수도 있겠지만, 때로는 새로운 시도를 해보는 것도 좋을 것 같았다. 인터넷을 검색해보면 다양한 방법으로 농사를 지으시는 분들이 많다. 물론 텃밭에 어떻게 지지대를 설치하고 줄을 유인해줄 것인가는 각자가 선택할 일이다.

먼저 텃밭에서 흔하게 볼 수 있는 고추 지지대 설치법으로 설명을 해야겠다.

1) 한 줄 설치법

관행농법으로 지금까지도 많이 사용하는 제일 흔한 방법이다. 고추 지지대를 일자로 세워놓고, 한 줄로(또는 두 줄을 붙여서) 지지대를 따라 지그재그로 고추를 고정시키는 방법이다. 고추 이랑 폭이 좁을 때 많이 사용한다. 고추 키가 자라면 첫 번째 줄 위에 두 번째 유인줄을 같은 방식으로 설치한다. 나는 이 방식을 사용한 적이 없어 사진도 없다.

2) 두 줄 설치법

고추 지지대를 고추 양옆으로 25~30cm쯤 띄어 고정시키고, 지지대를 따라 유인줄을 설치한다. 고추 가지가 커지면 양옆에 있는 줄에 고추 가지를 고정시켜 준다. 이 방식은 고추 가지를 벌려줄 수 있으므로 통풍에 유리하지만, 위로 올라갈수록 고추의 분지 수가 많아지므로 통풍에는 한계가 있다.

고추 유인걸이를 사용해 옆에 있는 줄에 줄기를 고정시킨다

3) X자 설치법

1.8m쯤 되는 긴 고추 지지대를 사용하는데, 땅에서 높이가 30cm

쯤 되는 지점을 X자로 교차해 지지대를 고정시킨다. 위로 올라갈수록 고추 분지가 많아지지만 폭도 넓어지므로 통풍에 유리하다. 쇠파이프 나 고추 지지대를 묶어줄 때는 케이블타이를 사용하면 튼튼하고 일도 쉽다.

X자 지지대 설치법

4) 망 설치법

유인줄 대신에 그물망을 사용하는 방법이다. 고추가 그물망 사이 로 자라므로 굳이 붙들어 매어줄 필요도 없어 보인다. 재배면적이 넓 을 때 사용하면 좋을 것 같다. 그물은 오이망을 사용하면 될 것 같고. 단 이 방법은 고추 가지를 위 아래로 유인할 수 없다는 단점이 있다(전 문가들이 사용하는 유인법으로 고추 줄기를 아래로 유인하면 꽃눈이 많이 분화되고, 수정이 된 이후에 줄기를 위로 유인하면 고추가 커진다). 나도 아직 사용해보지 못한 방법이다.

그 외에도 고추 한 그루마다 지지대 하나를 세워주는 방법도 사용해 보았지만 어릴 때에만 유효했다. 이 방법은 어릴 때 고추가 쓰러지는 것을 방지해줄 수는 있어도 고추 가지가 많아지면 결코 지탱해주지 못한다. 특히 장마철에 비가 오거나 바람이 불면 가지들이 찢겨나간다.

5) 역사다리꼴 설치법

내가 최근에 사용하는 방법은 역사다리꼴 설치법이다. 그동안 다양한 방법을 사용했고, 급기야 작년에는 역사다리꼴로 발전했다. 우선 힘을 많이 받는 양끝에 위치하는 역사다리꼴 지지대는 고춧대가 아닌 쇠파이프로 만들어야 한다. 고추 지지대로 만들어서는 휘어지므로 줄을 팽팽하게 유지할 수 없다. 지금까지 내가 알던 방법 중에서는 가장 쓸 만한 방법이다.

역사다리꼴 지지대 설치법

그런데 가장 괜찮아 보였던 이 방법에도 문제가 있었으니, 앞뒤로는 튼튼할지 몰라도 옆으로는 허술했던 것 같다. 작년 태풍이 불고 비바람이 몰아치자 고추가 서서히 옆으로 쓰러지기 시작했다. 고추를 세워주려고 해도 매달린 고추들로 무거웠고, 자칫 잘못 건드리면 고추가지만 찢어졌다. 결국 고추는 옆으로 드러누운 채로 생을 마감해야 했다.

이에 대한 보완책으로 끈으로 고추줄기 묶는 방법을 알아냈다. 이해하기 쉽게 작은 쇠막대를 세워놓고 두 줄로 고추를 묶는 방법을 시연해봤다. 이 방법을 사용한 이후로는 여름에 아무리 비가 많이 오고 바람이 불어도 고추가 쓰러지지 않고 끄떡없었다.

끈으로 고추줄기 묶는 법(두 줄 묶기)

그 밖의 다른 작물들에 설치하는 지지대를 살펴보면, 오이는 제일 흔한 삼각형 구조를 사용한다. 삼각형 구조를 세우고 오이망을 설치하면 된다. 다만 넝쿨을 타고 자란 오이의 무게가 엄청나므로 쇠파이프로 삼각형 지지대를 만들어야 한다. 처음에는 멋모르고 2.3m짜리 긴 고추 지지대로 삼각형을 만들었는데, 태풍이 불어오자 무게를 견디지 못하고 고추 지지대가 부러졌다. 뒤늦게 지지대를 교체할 수도 없어 옆에 지지대를 덧대주고 버텨야 했다. 이 방법은 지지대가 옆으로 흔들리지 않도록 안쪽으로도 보조대를 받쳐줘야 한다. 위로 올라갈수록 상단이 복잡해지는 단점은 있지만 그래도 제일 괜찮은 방법이다.

보조대

삼각형 오이 지지대. 무게를 견디지 못하고 고추 지지대가 부러졌다.
지지대를 덧대주고 나서야 겨우 버티고 있다

완두콩은 양옆으로 지지대 두 개를 세우고, 길게 줄을 띄어주거나
오이망을 설치해준다. 크게 힘을 받는 것도 아니니 그냥 단순하게 만
들어도 된다.

완두콩 밭에 오이망을 설치한 모습

그러다가 천정에서 줄을 늘어뜨리는 방법을 알게 되었다. 더 정확히 말하면 지지대 대신 줄을 사용하는 방식이다. 이 방법은 시설재배하시는 분들이 사용하는 방법으로 꽤나 장점이 많은 것 같다. 다만 비닐하우스 안에는 천정에 줄을 매어줄 수 있지만, 노지 텃밭에는 천정이 없으므로 적용하기가 어렵다.

따라서 노지에서 이 방법을 사용하려면 먼저 쇠파이프로 사각형 틀을 만들고, 그 상단에 줄을 고정시킬 수 있는 가로대를 붙여줘야 한다.

쇠파이프로 만든 사각형 틀

작년에 이 사각형 틀을 만들고 토마토를 심었는데 태풍이 불어왔다. 내심 걱정을 하기도 했는데, 토마토는 가느다란 줄에 매달려서도 끄떡없이 잘 버텨주었다. 이 방법의 또 다른 장점은 사각형 틀 위에 비닐만 씌우면 비 가림 재배가 된다는 점이다. 비 가림 재배를 하면 장마철이 되어도 토마토가 터지지 않는다(장마철에 수분 흡수가 많아지면 토마토가 잘 터진다).

내가 지금까지 소개한 지지대 설치법은 끝이 아니고 계속 진화해가는 중이다. 때로는 새롭게 시도한 방법이 오히려 불편해서 예전으로 되돌아가기도 하지만, 해마다 다양하게 시도하다 보면 조금씩 개선되는 부분도 분명히 있다. 이들 기본적인 방법에 각 개인의 창의적인 방법을 덧붙일 수 있으면 좋겠다.

농사든 인생살이이든, 내가 알고 있는 방식이 항상 최선은 아니다. 그래서 오랫동안 농사를 지어왔어도 항상 배우고 고민을 해야 하나 보다.

07
관수시설 – 텃밭에 물주는 법

아무리 관수시설을 해도 비 한 번 내리는 것만은 못한 법이다. 그렇다고 변덕스러운 날씨에 하늘만 쳐다본다는 것도 말이 안 된다. 물이 많이 필요한 봄에 가뭄으로 먼지가 풀풀 날리고, 여름철에는 54일이란 기록을 세우며 비가 내리기도 한다. 올해는 또 날씨가 어떻게 변덕을 부릴지 누가 예측할 수 있을까? 그래서 농사는 하늘이 도와줘야 하나 보다.

특히 농사 규모가 큰 분들은 날씨에 대처하기가 쉽지 않다. 하지만 작은 규모의 텃밭 농사라면 날씨가 어떻게 변하든 대처할 수 있는 방안이 있다. 가뭄이 든 해에도 관수시설이 되어 있는 우리 집 텃밭과 과수원은 별 피해가 없었고, 비가 많이 와도 화단을 만들어 물 빠짐이 좋은 우리 집 텃밭에는 아무런 문제가 없었다. 단지 토마토만 조금 망가졌는데, 토마토도 비 가림만 해주었더라면 괜찮았을 거라는 생각이 들었다.

혹시 참고가 되지 않을까 싶어 텃밭에서 사용하는 여러 가지 관수 방법을 설명하려 한다. 물론 텃밭의 규모나 환경에 따라 각자 자신에게 맞는 방법을 선택하면 된다.

한여름에 텃밭에 물을 준다는 것은 생각만큼 쉬운 일은 아니다. 밭이 조금만 넓어도 물을 주는데 한두 시간은 후딱 지나간다. 행여 저녁 무렵에 물을 주려면 모기에게 물어뜯길 각오를 단단히 해야 한다. 남들은 스마트 팜을 짓고 간단하게 스위치 하나로 물을 준다는데, 그런 시설까지는 아니더라도 좀 더 편하게 물을 줄 수 있었으면 좋겠다.

의욕만 넘치던 초보 농부 시절에는 힘든 줄도 모르고 물뿌리개로 물을 퍼 날랐다. 하루에도 수십 차례 물을 길어 나르며 힘든 줄도 몰랐다. 그런데 텃밭이 커지고 농사 경력도 쌓이니 점점 힘이 들기 시작했다. 아무래도 좀 더 효율적인 방법을 찾아야 했다.

수도꼭지에 호스를 연결해 물을 주는 방법도 있다. 아마도 텃밭 재배하시는 분들 대부분은 이미 이 방법을 사용하고 계실 것 같다. 단점이라면 땅속으로 스며드는 물보다도 땅 위로 흘러버리는 물이 더 많다. 겉흙은 젖어 있는데 흙속은 뽀송뽀송하다. 더구나 비닐을 씌우고 농작물을 심은 이후로는 물을 주기가 더욱 어려워졌다. 비닐에 구멍을 뚫고 물을 주기도 하지만 물의 압력 때문에 비닐 속의 흙이 무너져 내린다.

주로 면적이 넓은 잔디밭에는 스프링클러를 많이 사용하는데, 텃밭에서는 별로 권하지 않는 방법이다. 스프링클러는 물 낭비도 심하고 아침저녁으로만 사용해야 한다. 햇살이 뜨거울 때 잎에 물기가 남아 있으면 잎이 타버리기도 한다.

물이 풍부한 지역에서는 밭이랑의 양쪽 끝을 막고 그 안에 물을 퍼 넣는 방법도 있다. 그러나 이 방법은 물 소비량이 엄청나므로 웬만한 지역에서는 사용할 수 없다. 어느 방법이든 지하수를 과다하게 사용하는 방법은 그다지 바람직해 보이지는 않는다. 농사꾼에게 물처럼 소중

한 자산은 없다.

아마도 최선의 선택은 점적 호스나 점적 테이프를 사용하는 방법일 것이다. 이 관수법은 이스라엘에서 처음 개발되었는데, 물의 낭비 없이 식물이 필요로 하는 물만 공급하는 방법이다. 다만 관수시설을 하려면 자재비용이 좀 든다.

점적 호스는 두꺼운 호스에 점적 장치(물이 조금씩 나오는 장치)가 붙어 있는 것이고, 점적 테이프는 얇은 비닐호스에 점적 장치가 붙어 있다. 당연히 점적 호스가 비싸고 수명도 길다. 점적 테이프는 가격이 저렴한 대신 일회용 관수장치다(잘 관리하면 2년도 쓸 수 있다). 한 롤 가격은 둘 다 비슷한데, 한 롤의 길이가 점적 호스는 200~300m이고, 점적 테이프는 1000m로 길다.

점적 호스 설치법. 점적 호스가 막히지 않도록 앞단에 여과기를 설치해야 한다(좌). 우리 과수원에는 점적 호스를 설치했다(우)

우리 집의 경우, 과수원에는 당연히 수명이 긴 점적 호스를 설치했고(10여 년이 지났지만 아직도 쓸 만하다), 텃밭에는 몇 년 전에야 비로소 점적 테이프를 설치했다. 점적 테이프가 점적 호스보다 더 촘촘하게 구멍이 뚫려 있어 공급되는 물의 양이 많다. 점적 호스는 외부에 노출되도록 설치하지만, 점적 테이프는 멀칭 비닐 속에 설치하므로 시설재배 농가에서 많이 사용한다. 점적 호스나 점적 테이프를 설치할 때에는 앞단에 여과기를 설치해 불순물로 구멍이 막히지 않도록 해줘야 한다. 특히 지하수를 농업용수로 사용하는 경우에는 반드시 여과기가 필요하다.

점적 테이프 설치법. 점적 테이프가 막히지 않도록 여과기를 설치한 모습(좌).
텃밭에는 점적 테이프를 설치했다(우)

처음에는 몇몇 화단에만 점적 테이프를 깔아주었고, 나머지는 물뿌리개로 물을 주곤 했는데 지금은 어떻게 하면 좀 더 편하게 농사를 지을 수 있을지 자꾸 궁리를 하게 된다. 그러다 보니 해마다 점적 테이프를 설치하는 구간이 많아졌고, 물을 공급하는 배선도 복잡해졌다. 지금은 쌈직한 여과기와 몇몇 부속을 구입해 배선을 새로 만들었는데, 굵은 관을 중심으로 양옆으로 생선가시처럼 작은 관을 연결하는 구조로 되어 있다.

텃밭에 배수관을 새로 만들었다.
풀이 무서워 배수관이 지나가는 바닥에는 제초망을 깔아주었다

　아직 텃밭을 다 만들지 못해 점적 테이프를 연결해주지 않았으니 지금은 굵은 관에 매달린 밸브들이 하늘을 쳐다보고 있다. 사진을 보면 그래도 밸브 3개에는 점적 테이프를 연결했는데, 그 중에 두 라인은 비닐하우스 안으로 연결되어 있다. 항상 물 부족으로 목말라 하는 비닐하우스 안에도 점적 테이프를 설치했으니 이제 날마다 물을 길어 나르는 수고는 덜 수 있을 것 같다.

　이렇게 철저히 준비를 했으니 이제 아무리 가뭄이 들거나 비가 많이 와도 우리 집 텃밭에서는 싱싱한 채소를 수확할 수 있을 것 같다.

08
비료 사용을 줄여야 한다

식물은 햇빛의 광합성 작용도 중요하지만, 거름을 주지 않고서는 풍성한 수확을 할 수가 없다. 더구나 재배기술의 발달로 수확량이 획기적으로 늘어나면서 비료의 사용 역시 폭발적으로 증가했다. 요즘은 누구나 농사에 대한 기대치가 높은 만큼 농사를 짓는다고 하면 당연히 비료를 사용해야 한다고 생각하는 것 같다.

먼저 이해를 돕기 위해 용어를 정리하자면, 이 책에서 언급하는 퇴비는 천연유기물을 발효시켜 만든 자재를 뜻하고, 비료는 화학비료를 의미한다. 그리고 시중에 판매하는 비료의 종류가 워낙 다양하므로 먼저 비료에 대하여 간단히 설명한다. 비료를 구입하려 해도 기본은 알아야 선택할 수 있으니까 말이다.

식물이 필요로 하는 3대 기본 영양소는 N(질소), P(인산), K(가리 또는 칼리)이다. 그 외에도 Ca(칼슘), Mg(마그네슘), B(붕소), Fe(철), Mn(망간)과 같은 다양한 미량요소를 필요로 한다.

1) 시중에 판매하는 비료의 종류

- 질소비료(N):
  - 유안비료: 토양 시비용 비료(질소 21%, 유황 24%의 산성 비료)
  - 요소비료: 주로 엽면시비로 사용하는 중성 비료(질소 46%)
- 인산비료(P):
  - 용성인비: 완효성으로 분해가 늦으므로 기비용으로만 사용(인산 20%)
- 가리비료(K):
  - 염화가리: 속효성 가리비료(성분: 염소+가리), 가격이 저렴하다.
  - 황산가리: 속효성(관주용)과 지효성(밭 살포용) 모두 있음(성분: 황+가리)
  - 인산가리: 속효성 비료(성분: 인산+가리) 가리비료 중 제일 비싸다 (성분은 제조사마다 다르며, 만약 셋 중에 하나만 고른다면 황산가리의 가성비가 제일 좋다. 인산성분은 인산칼슘으로도 공급할 수 있지만, 가리비료를 천연자재로 만들기는 어렵다).
- 복합비료: N-P-K가 모두 있는 비료. 성분에 따라 숫자가 21-17-17과 같이 씌어 있다. 기비로 사용
- NK비료: N, K만 있고 분해가 늦은 인산은 없음. 주로 추비로 사용
- 유박비료: 아주까리나 유박 등 식물성 재료를 혼합해 펠릿 형태로 만든 완효성 비료로 밭에 뿌려준 뒤 분해되는데 3~4개월이 소요된다. 주로 과수에 많이 사용한다.

기비란 씨를 뿌리거나 모종을 심기 전에 밭에 주는 거름을 뜻하고, 추비는 기비를 준 이후 보충용으로 주는 비료를 의미한다. 가리와 칼륨은 같은 말이다.

이에 추가해서 농작물에 필요한 성분만을 뽑아놓은 기능성 비료도 있다. 기능성 비료는 전문농가에서 많이 사용한다. 그 외에도 업체별로 상품화하여 판매하는(성분은 엇비슷하고 이름만 다르게 표기하여) 수많은 기능성 비료가 있다. 일부 기능성 비료들은 액비 형태로 판매하기도 한다.

- **질산칼슘**: 질소(15%)와 칼슘(26%)을 혼합해 만든 비료
- **황산마그네슘**: 황(S)과 마그네슘(Mg)을 혼합해 만든 비료
- **칼슘제**: 칼슘(Ca) 성분이 25% 이상인 고순도 칼슘제

복합비료를 보면 겉에 21-17-17이라는 숫자가 씌어 있는데, 이는 질소-인산-가리(N-P-K)의 비율이 21-17-17퍼센트임을 의미한다. 즉 21-17-17이라고 씌어 있는 20Kg 복합비료 한 포대에는 질소 4.2kg(20kg의 21%), 인산 3.4kg(20kg의 17%), 가리 3.4kg(20kg 의 17%)이 들어 있음을 의미한다.

2) 퇴비와 비료의 차이

퇴비는 우분, 돈분, 계분, 톱밥 등 잡다한 자재를 섞어 만드는데(그래서 포함된 비료성분이 일정하지 않다), 퇴비에 들어 있는 비료 성분은 예상외로 많지 않다.

예를 들어, 만약 우분만으로 퇴비를 만든다면 퇴비에 들어 있는

N－P－K 비율은 0.2－0.4－0.7퍼센트 밖에 안 된다. 다시 말해서 20kg 우분 한 포대에는 질소가 40g, 인산이 80g, 가리는 140g 들어 있는 셈이다.

따라서 단순히 우분 퇴비의 성분만 비교한다면, 대략 복합비료 1포대의 질소 함유량은 퇴비 105포대에 해당하고, 인산은 42포대, 가리는 24포대에 해당한다(물론 퇴비를 만들 때는 거름 성분이 높은 돈분과 계분도 섞기 때문에 실제 퇴비에 함유된 비료 성분은 이보다는 높다).

농사를 처음 시작하면서, 밭에 퇴비를 주었을 때는 꿈쩍도 않던 채소들이 비료를 뿌려주었더니 부쩍부쩍 자란다. 이 맛에 퇴비 대신 계속 비료를 사용하고 싶은 유혹에 빠진다. 거름기라고는 전혀 없는 땅에서도 비료만 뿌려주면 농작물은 쑥쑥 자란다. 그러나 이런 과정을 반복하면서 축척된 비료로 땅은 오염이 되고, 흙은 경화되어 간다.

비료를 땅에 뿌려주면, 일반적으로 식물이 흡수할 수 있는 수용태가 되는데 7일이 소요되며(그래서 비료는 빨리 녹으라고 비 오기 전날 많이 뿌려준다), 땅에서 흡수되는 기간은 14일이라고 한다. 즉 비료를 뿌려주고 21일이 지나면 비료의 효과는 없어지고 남은 비료는 경화되어 버린다. 참고로 EM(유효 미생물Effective Microorganisms) 발효액을 뿌려주면, 미생물이 경반층을 녹여 식물이 다시 흡수할 수 있는 상태로 바꾸어준다고 한다. 보통 뿌려준 비료의 20%만이 식물에 섭취된다고 하니, 버려지는 80%가 환경을 오염시키는 주범이 된다.

반면, 퇴비에는 수많은 유기질과 미생물이 살아 있어 땅을 오염시키지도 않고 흙을 살려준다. 다만 유박은 식물성 재료를 사용해 만들었어도 고온에서 펠릿 형태로 제작하기에 살아 있는 미생물은 전혀 없다. 유박의 비료 성분도 퇴비와 비료의 중간쯤이다. 특히 유박은 분해

되는데 3~4개월이 걸리므로, 속효성이 아닌 지효성 비료로 과수에 많이 사용한다.

3) 텃밭 농사를 지으려면 어떤 비료를 구입해야 하나?

전문농가에서는 용도에 따라 적절한 기능성 비료를 구입해서 사용하겠지만, 소규모 텃밭 재배를 하는 경우에는 이들 모두를 구입할 수는 없는 일이다. 그래서 꼭 필요한 몇 가지만 구입해야 하는데, 일반적으로 많이 구입하는 비료는 복합비료와 NK비료다. 복합비료는 주로 기비용으로 사용하고, NK비료는 추비용으로 사용한다. 텃밭 재배의 경우에는 이들 비료를 한 포대씩만(20kg) 구입하더라도 몇 년간 충분히 사용하고도 남는다.

텃밭 재배를 하시는 분들 중에는 비료를 전혀 사용하지 않고 퇴비만으로 농사를 짓는다는 분도 계시다. 외국의 사례를 보더라도 퇴비만 넉넉히 주고 텃밭 재배를 하는 모습을 자주 볼 수 있다. 부럽기도 하고, 적극 추천하고 싶은 좋은 방법임에 틀림없다. 또 자급용 텃밭 재배라면 가능하면 그렇게 농사지을 수 있어야 한다.

다만 퇴비만으로는 풍성한 수확을 할 수 없는 작물도 있다. 예를 들어, 고추나 옥수수는 다비성 식물로 거름을 많이 필요로 하는데, 퇴비만 줘서는 만족할 만한 소출을 기대하기 어렵다(물론 내 기대치가 너무 높아서인지도 모르겠다). 따라서 나는 퇴비 위주로 농사를 짓되, 작물에 따라서는 조금씩 비료도 섞어주는 방법을 사용하고 있다.

그 외에도 나는 다양한 천연농자재를 만들어 사용하고 있는데, 천연농자재를 사용하면 비료의 사용량을 획기적으로 줄일 수 있다. 이들 천연농자재에 대한 자세한 내용은 뒤에 나오는 '천연농자재 만들기'에서 설명하고자 한다.

나야 사과 과수원을 가꾸고 있으니 이들 농자재를 만든다고 치지만, 자그마한 텃밭 농사를 지으면서 다양한 농자재를 만들기란 쉽지가 않다. 여기에 한 가지 대안이 있으니 바로 각 지역 농업기술센터에서 무상으로 제공하는 다양한 농자재를 얻어오면 된다.

지역마다 다소 차이가 있겠지만, 우리 지역 농업기술센터에서는 미생물제(EM)와 아미노산 액비, 인산칼슘, 미네랄액(BMW) 등을 무상으로 제공하고 있다. 아미노산 액비는 식물의 성장에 필요한 질소(N) 성분을 포함하고 있고, 인산칼슘은 열매가 열리는데 필요한 인산(P)과 칼슘(Ca) 성분을 제공해준다. 이들 액비들은 효과도 빨라서 뿌려주고 하루만 지나도 눈에 띄게 차이를 느낄 수 있을 정도다. 미생물제는 경화된 토양을 복원시켜 주며, 미네랄액(BMW$^{Bacteria\ Mineral\ Water}$)은 다양한 미생물과 미네랄을 공급해준다.

> **참조** 미네랄 성분이 토양에 없으면 아무리 비료를 많이 주더라도 식물은 영양분을 충분히 흡수할 수 없으며, 뿌리가 약해지고 생장이 느려져 수확량도 줄어든다. 그동안 비료를 사용한 대규모 농업으로 토양 내의 미네랄이 거의 고갈되었으므로, 요즘 생산되는 농산물은 심각한 수준으로 미네랄이 결핍된 상태라고 한다.

만약 집에서 만든 '키토산 아미노산 액비'나 기술센터에서 얻어온 '아미노산 액비'가 있다면 NK비료 대신 황산가리를 구입하는 것도 좋을 것 같다(가격도 비슷하다). 황산가리는 식물에 필요한 황(S) 성분이 들어 있을 뿐 아니라 자연에서 채취한 돌가루로 만들기에 유기농자재로 분류된다. NK비료 대신에 황산가리를 술술 밭에 뿌려주고, 그 위로 희석한 액비를 물뿌리개로 뿌려주면 된다. 우리 집에서는 봄에 밭을 만들 때 작물에 따라 복합비료를 조금씩 섞어주기도 하지만, 추비로는 거의 액비만을 사용한다. 이렇게 액비를 주고 키우면 열매가 커지기도 하지만 맛도 좋아진다.

이에 추가해서 가능하면 미량요소도 구입해 사용할 것을 추천하고 싶다. 미량요소는 우리가 복용하는 비타민이라고 생각하면 된다. 말 그대로 미량만 있으면 되는 성분이지만, 식물의 성장에는 꼭 필요한 성분이다.

텃밭은 특성상 한 해도 쉬지 않고 지속적으로 농사를 지으니 땅 속에 포함되어 있던 다양한 성분들이 쉽게 고갈된다. 따라서 인위적으로라도 미량요소를 공급해줘야 한다. 처음 한두 해는 몰라도 지속적으로 텃밭을 가꾸다보면 결국 농작물에 생리적 결핍 현상이 나타나게 마련이다.

우리 집은 해마다 과수원에 미량요소를 뿌려주고 있으므로(사과는 판매용이라 상품성 있는 과일을 만들려면 꼭 뿌려줘야 한다), 조금 남겨두었다가 텃밭에도 뿌려주고 있다. 그 때문인지는 몰라도 우리 집 텃밭 작물들은 남들보다 맛도 좋고 항상 더 풍성하게 열린다.

뒤에 설명하게 될 '작물별 재배법'에서 특별히 미량요소를 언급하지는 않겠지만, 지속적인 텃밭 농사를 위해서는 꼭 필요한 성분이다.

지금도 나는 이따금 다른 집 텃밭을 구경할 때면, 밭에서 자라고 있는 농작물도 보지만 흙의 상태를 유심히 살펴보게 된다. 아마도 십여 년간 꾸준히 흙을 관찰해 온 습관 때문인 것 같다. 흙을 보면 그 집이 어떤 식으로 농사를 짓고 있는지 대개는 구분이 간다.

4) 비료 성분의 역할

- **질소(N):** 세포의 주요성분인 단백질을 구성하는 성분으로, 작물에 기본이 되는 중요한 양분이다. 세포의 분열과 증식에 필요하다.
- **인산(P):** 인산은 광합성, 호흡작용, 당대사 등의 중간 생성물로서 중요하다. 뿌리발육을 촉진하고 발아력을 왕성하게 한다. 개화기와 열매가 맺힐 때 많이 필요하다.
- **가리/칼륨(K):** 가리는 전분이나 당분, 단백질의 생성이나 축적에 관여한다. 작물의 결실을 촉진한다.
- **칼슘(Ca):** 칼슘은 생리현상에 의해 체내에 일시적으로 저장된 탄수화물 등을 저장기관으로 옮겨 집적시켜 주는 기능을 한다. 칼슘을 주면 과일이 단단해진다.
- **마그네슘(Mg):** 작물의 엽록소 구성원소이며, 광합성 작용에 관여한다.
- **붕소(B):** 붕소는 탄수화물 이동 및 효소의 활성제로 작용한다. 결핍 시에는 생장조직, 생장점 및 형성층에 피해를 주며 뿌리의 생육이 불량해진다.

5) 비료 포대에 씌어 있는 숫자의 비밀

어느새 봄이 성큼 곁에 다가온 것 같다. 황량했던 텃밭에 초록색 풀들이 보이고 이제 슬슬 농사준비를 할 때가 되었다. 작년에는 긴 장마로 농사를 망쳤다지만 올해는 왠지 농사를 잘 지을 수 있으리란 기대감에 가득 차 있다. 그래서 농사는 속으면서 짓는 거라고 하나 보다.

중부지방의 경우 대개 4월 말부터 5월 초순까지 텃밭에 씨앗을 뿌리거나 모종을 심는데, 밭은 보름 전에 미리 준비해둬야 한다. 밭을 갈아주는 일이야 장비가 있는 이웃에게 부탁을 하든지, 아니면 힘이 들더라도 몸으로 때울 수 있다.

그런데 밭에 비료를 얼마만큼 줘야 하는지는 판단하기가 어렵다. 똑같이 비료를 뿌려주고 밭을 만들었는데 고추는 양분이 부족하다고 하고, 고구마는 양분이 많아 잎만 무성하다고 한다.

도대체 작물별로 무슨 비료를 얼마만큼 줘야 하는지 초보 농부가 어떻게 다 알 수 있을까? 이럴 때 요긴하게 써먹을 수 있는 정보가 있으니 바로 비료 포대에 씌어 있는 숫자다. 비료 포대에 씌어 있는 숫자의 비밀! 무심코 지나치기 쉬운 그 숫자들에서 나는 농사에 필요한 정보를 얻는다.

텃밭에 심는 작물마다 필요로 하는 비료 양이 각각 얼마인지 전문가가 아니라면 알 재간이 없다. 하지만 나 대신 그 연구를 해주는 곳이 있으니 바로 비료 생산업체들이다. 그들은 비료를 팔기 위해 작물별로 어느 성분을 얼마만큼 줘야 하는지 끊임없이 연구를 해왔다. 그리고 알아낸 최적의 비율을 바로 비료 포대에 써 놓았다. 그 검증된 숫자를 나는 편안히 앉아서 활용하고 있는 셈이니 그저 감사할 따름이다.

일반적으로 사용하는 복합비료 포대에는 21-17-17이란 숫자가 씌어 있는데, 이는 질소(N)가 21%, 인산(P)이 17%, 가리(K)가 17% 들어 있다는 것을 의미한다. 추비로 사용하는 NK비료에는 18-0-16이란 숫자가 씌어 있다. 질소와 가리는 있지만 분해가 늦은 인산성분은 전혀 들어 있지 않다는 뜻이다. 또 비료 포대에는 친절하게도 단위면적당 비료 몇 kg을 주라는 시비량도 적혀 있다. 물론 토양의 비옥도에 따라 비료를 주는 양은 달라져야 한다.

고구마 비료를 예로 들어보자. 고구마 비료 포대에는 7-7-18이란 숫자가 씌어 있는데, 이는 고구마를 잘 키우려면 질소(7)와 인산(7)보다는 가리(18)를 더 많이 줘야 한다는 뜻이다.

고구마를 재배할 때 복합비료(21-17-17)를 주었더니 잎만 무성해지고 고구마는 별로 열리지도 않았다는 말을 들은 적이 있다. 고구마에 필요한 질소 성분이 7인데 질소 성분이 21인 복합비료를 주었으니 잎이 무성해지는 건 당연한 일이다. 또 정작 필요한 가리(18)는 부족한 셈이다. 그래서 고구마 재배 시에는 질소는 적게 주고 가리는 늘려줘야 한다.

복합비료(좌), NK비료(중), 고구마 비료(우)

또 다른 예로, 땅콩 비료를 보면 4-8-11이라고 씌어 있다. 복합비료(21-17-17)와 비교해보면, 땅콩에는 비료가 아주 조금만 필요하다는 뜻이다. 특히 질소가 21인 복합비료를 사용해선 절대로 안 되고, 상대적으로 가리는 조금 넉넉하게 줘야 한다.

이런 식으로 나는 비료 포대에 씌어 있는 숫자를 보고 작물에 필요한 성분을 추측한다. 물론 자그마한 텃밭 농사를 하는 처지이니 정확한 양을 계량해 주기도 힘들고, 작물별로 전용비료를 구입하기에도 애매하다.

그래서 나는 밭을 만들 때 기본적으로 퇴비를 많이 주고(퇴비에는 질소 성분이 많지 않고, 인산과 가리도 골고루 들어 있다), 비료는 꼭 필요로 하는 작물에만 조금씩 넣어준다. 그 이후에 부족한 성분은 추비로 보충해준다. 나는 퇴비는 팍팍 인심을 쓰며 주는데, 비료는 안달을 떨면서 조금씩만 준다. 대개는 퇴비만 넉넉히 주면 비료 없이도 아마추어 눈높이에서 크게 벗어나지 않을 만큼의 수확은 할 수가 있다.

비료 포대에 씌어 있는 숫자를 보면 대부분의 작물이 인산과 가리를 많이 필요로 한다. 하지만 복합비료에 들어 있는 만큼의 질소(21)를 요구하는 작물은 거의 없는 것 같다. 다시 말해서 텃밭 재배에 복합비료를 팍팍 뿌려주며 작물을 키우는 것이 최선이 아니라는 말이다.

그 외의 비료 포대에 씌어 있는 숫자들

시설재배를 하는 전문농가는 필요한 시기에 적합한 비료를 공급해준다. 단일품종을 대규모로 재배를 하니 작물에 필요한 성분을 분석해 특화된 비료를 줄 수도 있다. 또 비료를 주는 방법도 관수시설을 이용해 손쉽게 준다. 하지만 텃밭 재배의 경우는 워낙 다양한 작물을 소량으로 재배하니 전문성을 지니기도 어렵고, 특화된 비료를 주기도 어렵다.

그렇다고 텃밭 농사로는 항상 보잘 것 없는 농산물을 생산할 수밖에 없는 것도 분명히 아니다. 유기농 재배를 하더라도 훌륭하게 먹거리를 생산하시는 분들도 계시니까 말이다.

우리가 어렸을 때 먹던 토마토와 요즘 시중에서 사먹는 토마토와는 성분이 다르다고 한다. 놀라운 사실은 예전에 먹던 토마토가 요즘의 토마토보다 다양한 성분이 훨씬 많이 들어 있다고 한다. 필요한 성분만 공급해서 키우는 요즘의 방식보다는 건강한 흙에서 다양한 성분을 먹고 자라는 토마토가 더욱 건강한 음식이 될 수 있다는 말이다.

대부분 텃밭에서 키우는 농작물은 크기가 작고, 볼품도 없다. 때로는 벌레 피해를 입기도 하고, 생산량이 그렇게 많지도 않다. 하지만 그 맛과 향은(아마도 영양분도) 시중에 파는 어떤 채소나 과일보다 결코 뒤지지 않는다.

이따금 자급용 텃밭 농사를 지으면서도 비료와 농약을 팍팍 뿌려대며 농사를 짓는 분들을 보게 된다. 조금이라도 쉽게 농사를 짓고, 소출은 늘리고 싶기 때문일 것이다. 하지만 그럴 바에는 차라리 시장에서 구입해 먹는 것이 더 싸게 먹힌다. 텃밭 농사를 시작한 초기에는 오히려 비용이 더 많이 들기도 하니까 말이다.

텃밭에서 건강한 먹거리를 재배하려면, 먼저 작물이 필요로 하는 성분이 무엇인지를 이해하고 그에 따라 적정량의 비료를 주도록 노력해야 한다. 이렇게 농사를 짓다 보면 농사 실력도 저절로 늘어나 어느새 전문가가 되어 있는 자신을 발견하게 될지도 모른다.

참고로 작물별로 전용비료에 씌어 있는 숫자는 아래와 같다.

- 고추 비료: 15-6-8+0.2(붕사)+12(유황)

- 감자 비료: 11-8-9+S(유황)

- 마늘 비료: 11-8-9+0.2(붕사)+18(유황)

- 고구마 비료: 7-7-18

- 땅콩 비료: 4-8-11

- 대파 비료: 12-8-9+0.2(붕사)+S(유황)

- 콩 비료: 5-20-15

- 복합비료: 21-17-17

- NK비료: 18-0-16

09
농약 사용을 줄여야 한다

기상이변이라는 말이 세계 곳곳에서 들려오는 요즘 날씨에 농약 없이 농사를 짓기란 무척이나 힘들어 보인다. 특히 판매용으로 재배하는 농작물의 경우는 더욱 그렇다. 농약 없이는 흠집이 없는 말끔한 과일이나 채소를 만들 재간이 없다. 소비자들이 다소 상처가 있더라도 무농약 재배한 농작물을 찾아주면 좋으련만, 아직까지는 갈 길이 멀다. 더욱이 도매로 농작물을 넘길 때에는 흠집이 조금만 있어도 제 값을 받기가 어렵다.

물론 작물에 따라 다소 차이는 있다. 상추와 같은 쌈 채소는 농약 없이도 재배가 가능하지만, 대부분의 작물은 병충해 피해를 입는다. 심지어는 땅속에서 열리는 감자나 고구마도 토양 살충제를 뿌려줘야 굼벵이 피해를 줄일 수 있다. 다만 자급용 농사라면 농약 없이 재배해도 된다. 아무리 벌레가 먹는다 하더라도 우리 식구 먹을 것은 남을 테니까.

농약 없이는 거의 키우기 힘든 작물도 있다. 바로 빨간 고추! 풋고추야 그럭저럭 수확한다지만 빨갛게 익은 고추는 농약 없이는 어렵다. 고추는 처음에는 멀쩡해 보이다가도 고온다습한 8월이 되면 순식간에 병반이 확산된다. 일단 병이 퍼지면 그 이후에는 아무리 농약을 살포해봤자 별로 도움이 되지 않는다.

농사와 농약은 애증의 관계다. 상품성 있는 농작물을 생산해내려면 꼭 필요한 게 농약이지만, 농약은 농민에게 피해를 준다. 만성적으로 농약에 노출되는 농업인의 암 발생률은 일반 인구 집단보다 40% 높고, 농약이 장기간 인체에 노출될 때 폐암 발생률이 2배로 늘어난다는 연구 보고서도 있다.

농약 불감증도 문제다. 자주 농약을 접하다 보니 위험성에 대해 무감각해진다. 농약은 호흡기로도 들어가지만 피부를 통해서도 흡수된다. 그래서 농약이 몸에 묻으면 곧바로 물로 씻으라고 하는데, 막상 실천하기란 쉽지가 않다. 과수원에서 방제를 하다 보면 바람에 날린 농약이 묻기 마련인데, 그럴 때마다 매번 일을 중단하고 물로 씻을 수는 없으니까 말이다.

2008년 OECD(경제협력개발기구) 보고서에 의하면 우리나라가 단위 면적당 농약 사용량이 세계 1위였다고 한다. 세월이 흐르면 개선될 줄 알았는데 2016년의 조사에서도 여전히 세계 1위라고 한다. 정부에서 무농약 친환경 농산물인증제를 실시한 지 20여 년이 지났는데 아직도 그렇다.

말이 쉽지 농약이나 비료 없이 유기농으로 농사를 지으려면 몇 배의 노동력이 더 들어간다. 나이가 들어가니 힘은 들고, 일손을 빌리자니 인건비는 하늘 높은 줄 모르고 치솟고 있다. 또 농약 대신 친환경 자재로 농사를 짓는 데는 항시 위험이 도사리고 있다. 독성이 약한 친환경 자재로는 요즘같이 괴팍한 날씨에는 충분한 방제효과를 보기도 어렵다.

반면에, 농약과 비료를 사용해 농사를 지으면 노동력도 절감되고 병충해로 인한 피해도 확실히 줄일 수 있다. 농민 입장에서는 결코 쉽사리 포기할 수 없는 달콤한 유혹이다.

아직까지 병충해에 강한 몇몇 품종을 제외한 대부분의 농작물은 농약 없이는 상품성 있는 농작물을 만들기가 어렵다. 또 힘들게 만들어 낸다 하더라도 대부분의 농가에서는 판로를 찾기가 쉽지 않을 뿐더러 제값을 받기도 어렵다. 이러한 현실이 개선되지 않은 채 아무리 친환경 농산물을 강조한들 농가의 입장에서는 쉽사리 관행농법을 포기할 수가 없어 보인다.

지금까지 농촌을 지탱하는 것은 정부의 무관심 속에서도 묵묵히 농사를 짓고 있는 평균 연령 68.2세(2020년 기준)의 농민들이다. 이 고령화된 농민들에게는 농약의 피해보다 더 무서운 게 먹고사는 문제일 수도 있다.

2019년 〈농민신문〉에 게재된 자료에 의하면, 최근까지도 우리나라의 농약 사용량은 다른 선진국의 10배라고 한다. 비료 사용량도 세계 최고 수준이고. 아직까지 갈 길이 멀다. 그런데 이렇게 농약과 비료를 과다하게 사용하는 게 정말 농민들만의 문제일까? 선진국처럼 농약을 거의 사용하지 않더라도 먹고살 수 있는 정책적 배려는 할 수 없는 걸까?

건강에 해롭다는 것을 뻔히 알면서 농약을 마구 뿌려대며 농사짓기를 좋아하는 농민은 없다. 불편한 진실이지만 이것이 우리나라 농촌의 현주소인지도 모른다.

1) 천연농자재 만들기

농작물을 키우면서 필요한 시기에 적절한 영양분을 제공할 수 있으면 더욱 풍성한 수확을 할 수 있는 것은 자명한 일이다. 하지만 소규모 텃밭 농사를 짓는 경우, 전문농가처럼 다양한 비료를 구입해 사용하기는 어렵다.

그렇다면 비료를 구입하지 않고도 농사를 지을 수는 없을까? 대안이 있으니 바로 천연농자재를 만들어 사용하면 된다. 우리 주위에서 흔히 볼 수 있는 풀이나 게껍질, 계란껍질 등은 훌륭한 천연농자재로 변화될 수 있다.

쉽게 만들 수 있고, 많이 사용하는 천연농자재로는 키토산 액비, 천혜 녹즙, 수용성 칼슘, 수용성 인산칼슘 등이 있다.

(1) 키토산 액비

텃밭이나 작은 규모의 농사를 지을 때, 손쉽게 만들 수 있고 효과도 눈에 띄게 좋은 자재 한 가지만 추천하라면 나는 주저 없이 '키토산 액비'를 꼽는다. 그 결과는 내가 직접 확인했으니까! 키토산의 역할은 모든 영양제의 입자를 잘게 부수어 농작물이 흡수하기 쉽게 만들어 준다고 한다. 어차피 한두 해에 끝낼 농사가 아니라면, 이 한 가지만은 꼭 만들어보는 것도 좋을 것 같다.

① 키토산 액비 제조법

게딱지만을 깨끗하게 씻어 말린 다음에 가루로 빻는다. 불순물이 남아 있으면 나중에 냄새가 나므로 잘 제거해야 한다. 게딱지와 현미식초를 무게 1:10의 비율로 섞는다. 처음에는 기포가 발생하는데 며칠이 지나면 용해가 끝난다(보통 1주일 정도 소요).

이 용해액에 물을 1000으로 희석해서 쓰면 된다. 관주, 엽면시비 등 언제든 쓸 수 있다. 칼슘도 많이 들어 있어서 원래 이름은 '키토산 칼슘액비'이다. 장점은 빨리 만들 수 있고, 냄새가 나지 않는다는 점이다. 단점은 게딱지만 모으려면 도대체 게를 얼마나 먹어야 하나? 더구나 현미식초도 사야 한다. 그래서 현실에서는 게딱지를 몇 년은 모야야 액비를 한 번 만들 수 있었고, 어렵게 만든 액비는 아까워서 부들부들 떨면서 조금씩만 사용을 했다. 그래서 요즈음은 좀 더 효율적인 방법을 사용한다.

② 키토산+아미노산 액비 제조법

우선 게를 많이 먹고, 수북이 쌓인 찌꺼기를 몽땅 커다란 고무통에 넣는다. EM 발효액(또는 쌀뜨물 발효액)을 넣어준다. 그리고 2~3년만 기다리면 게껍질이 저절로 녹아 액비가 완성된다. 시간이 곧 돈이라는 말을 실감하는 순간이다. 참 쉽다! 굳이 단점을 꼽자면 발효할 때 아미노산 냄새가 진동을 하니 고무통을 멀찌감치 두어야 한다.

이 액비에는 키토산 외에도 아미노산(N) 성분이 잔뜩 들어 있다. 칼슘(Ca) 성분도 많다. 다양한 미네랄도 넣고 싶다면 제조 시 바닷물이나 천일염을 넣어주면 된다. 복합 영양제이다. 보통 1:100 정도로 물에 희석해서 사용하면 된다(액비는 진한 것보다는 묽게 여러 번 주는 것이 좋다).

게딱지를 식초에 넣어 만든 액비는 주로 엽면시비용(농작물의 잎에 뿌려주는 것)으로 사용하지만, 키토산+아미노산 액비는 냄새가 조금은 남아 있으므로 관주용(땅에 뿌려주는 것)으로만 사용한다.

왼쪽은 수시로 먹고 남은 게껍질을 넣는 통이고, 오른쪽은 만든 액비를 담아두는 통이다

현재 나는 다양한 종류의 농자재를 만들어 사용하고 있다. 그러나 그 많은 농자재를 한꺼번에 만든 것은 아니고, 10년 넘게 농사를 짓다 보니 하나둘씩 늘어났다. 요즘에는 고추가 사람 키보다 더 크게 자란다는 영양제도 팔고, 한 번만 뿌려줘도 다수확을 보장한다는 농자재도 있다.

하지만 벌이도 시원치 않은 농사를 지으면서 매번 값비싼 농자재를 사서 농사짓다가는 본전을 건지기도 힘들다. 특히 조그마한 텃밭 재배의 경우라면 말할 것도 없다. 그래서 농자재는 가급적이면 돈 안들이고 직접 만들어 사용해야 한다는 게 나의 지론이다.

이 키토산+아미노산 액비를 준 이후 한 번도 마늘 농사를 망친 적이 없고, 배추도 한 포기에 9.5kg까지 만들어봤다. 만약 집에서 텃밭을 가꾼다면, 그리고 농사를 한두 해 짓고 말 것이 아니라면 지금부터라도 꼭 만들어볼 만한 농자재이다.

> **참조** 식초는 가격이 저렴한 농사용 현미식초를 구입하면 된다. 20L 말통으로 파는데 일반 식초보다 가격이 훨씬 저렴하다.

(2) 천혜 녹즙

우리가 일반적으로 담그는 매실청을 생각하면 된다. 제조 방법은 매실청과 마찬가지로 원재료와 설탕을 1:1로 넣고, 23~25℃의 따뜻한 곳에 보관하면 즙액이 추출된다. 이 액을 물과 1:500의 비율로 희석해서 사용하면 된다. 천혜 녹즙으로 사용할 수 있는 자재는 우리 주위에서 흔히 볼 수 있는 풀들로 쑥(철분), 미나리(망간), 아카시아꽃(꽃의 분화 촉진, 당도 향상), 적과한 과일(생장호르몬) 등을 이용한다.

(3) 수용성 칼슘

계란껍질을 이용해 만든다. 계란껍질을 잘게 부순 다음에 약한 불로 볶아 흰 막을 태워버린다. 흰 막이 남아 있으면 나중에 아미노산 냄새가 난다. 볶아낸 계란껍질에 현미식초를 1(껍질):10(식초)의 비율로 섞어준다. 처음에는 기포가 발생하지만 7일 정도가 지나면 기포가 없어진다. 완성된 액은 1000:1의 비율로 희석해서 사용하면 된다.

(4) 수용성 인산칼슘

소뼈나 돼지뼈를 이용해 만든다. 먼저 충분히 삶아 유기물을 완전히 제거해야 한다. 그 다음 숯불에 뼈를 태우는데, 완전히 태우지는 말고 뼈가 반쯤 남아 있도록 한다. 그리고 뼈를 잘게 부순 다음에 1:10의 비율로 현미식초와 섞어준다. 나머지 제조법은 수용성 칼슘과 마찬가지이고, 1000:1의 비율로 희석해서 사용한다.

시중에서 파는 골분을 이용해서도 만들어봤다. 골분에는 유기물이 많이 남아 있는지 아미노산 냄새가 많이 난다.

2) 천연제초제 만들기

요즘은 풀과의 전쟁이 한창 진행 중이다. 비가 자주 오고 기온도 높으니 풀들이 자라기에 최적의 환경이 되었나 보다. 풀을 깎은 지 며칠이나 되었다고 쑥쑥 자라 있다. 과수원이나 텃밭에 자라는 풀이야 예초기로 깎으면 된다지만, 앞마당 자갈들 사이로 나온 풀들은 깎기도 어렵다. 그렇다고 손으로 풀을 뽑는다는 것은 말도 안 된다. 나는 쪼그리고 앉아 풀을 뽑을 정도로 부지런하지도 못하고, 열정도 없다. 면적이 작아야 풀을 뽑기라도 하지.

이 상황에서 내가 선택할 수 있는 방법은 제초제를 뿌리거나, 그냥 못 본 체하며 풀과 함께 사는 방법뿐이다. 하지만 풀 속에 묻혀 사는 방법은 깔끔하신 이웃 분들이 더 못 참아하신다. 한 번은 이웃에 사시는 할머니께서 지나가시다가 우리 부부를 보고 "왜? 제초제 주랴?" 하고 말씀하셨다.

오래 전에 팔던 제초제에는 무시무시한 고엽제 성분이 들어 있다고 한다. 요즘에는 성분이 달라졌다고는 하는데, 겁나기는 마찬가지다. 예전에 자연농업 교육을 받을 때 강사님이 말씀하셨다.

"농약이야 어쩔 수 없다지만 제초제는 제발 치지 마세요, 땅이 다 죽어요!"

그 무서운 제초제 말고는 정말 다른 방법이 없을까? 그러다가 문득 외국에서는 텃밭의 풀을 어떻게 처리하는지 궁금해졌다. 그래서 유튜브에 들어가 찾아보니 '집에서 만든 제초제^{Homemade Weed Killer}'라는 이름으로 수많은 동영상이 올라와 있었다.

개인들이 올려놓은 수많은 제초제 제조법은 거의 유사했다. 필요한 재료는 식초, 소금 그리고 주방세제이다. '식초+주방세제'도 되고, '소금+주방세제'도 되지만 세 가지 전부 섞을 때 효과가 제일 좋아보였다. 여기에서 주방세제는 전착제 역할을 해서 식초나 소금이 잡초에 오래 묻어 있도록 해준다(참고로 주방세제 대신에 식용유를 써도 된다고 한다). 단위가 갤런으로 나오므로 알기 쉽게 리터 단위로 대강 환산했다.

양조식초 2병(1.8L×2 = 3.6L), 소금 2컵(물 컵), 주방세제 1/2컵(소주잔)을 넣고 잘 섞어주면 천연제초제 약 4리터가 만들어진다. 그런데 4리터로 우리 집 마당의 풀을 잡기에는 어림도 없다. 우리 집 마당에 한 번 뿌리려면 10리터 이상은 있어야 하는데, 그러려면 최소한 양조식초 5병은 있어야 한다. 더구나 아내가 김장 때 쓴다고 보관해놓은, 간수를 뺀 소금을 퍼가려면 눈치도 보인다.

천연제초제가 땅을 오염시키지 않고 사람에게도 안전하다는 장점은 있지만 화학약품으로 만든 제초제보다는 많이 번거롭고 비용도 많이 들어간다. 혹시 양조식초 대신에 빙초산을 사용하면 어떨까? 20리터짜리 빙초산 한 통을 구입해서 사용하면 비용이 많이 절약될 것 같았다. 양조식초는 보통 순도가 6~7%이지만, 빙초산은 99%이므로 15:1 정도로 물을 섞어서 사용해도 된다. 빙초산 한 통을 구입하면 몇 년은 충분히 쓸 수 있는 양이다.

예전에 사과나무의 청이끼를 제거하기 위해 구입한 빙초산이 조금 남아 있었다. 그래서 빙초산 1리터에 물 15리터, 소금 8컵(물 컵), 식용유 2컵(소주잔)을 섞으니 천연제초제 16리터가 만들어졌다.

화단을 따라 풀들이 극성을 부렸는데, 제초제를 뿌리고 하루가 지나자 마당의 풀들이 노랗게 변했다. 약한 녹색의 풀들이 조금 보이는데 제초제가 충분히 묻지 않았나 보다. 최소한 사람에게는 해롭지 않은 천연제초제이니 앞으로 자주 사용해도 될 것 같다. 이 천연제초제는 맑은 날, 햇살이 뜨거울 때 뿌려주는 것이 더욱 효과적이다. 햇볕이 쨍쨍할 때 뿌리면 풀들이 몇 시간 만에 시들어버린다.

천연제초제를 뿌려주기 전(좌)과 뿌려준 후의 모습(우)

물론 이렇게 천연제초제를 한 번 뿌렸다고 풀들이 뿌리째 다 죽는 것은 아닌 것 같다. 바로 당장은 아니지만 시간이 지나면(식초와 소금 성분이 사라질 때쯤이면) 다시 풀들이 땅을 비집고 얼굴을 내민다. 물론 제초제를 뿌리더라도 시간이 지나면 풀이 다시 자라는 건 마찬가지다. 모진 잡초의 생명력에는 당해낼 재간이 없다. 하지만 일 년에 몇 차례만 천연제초제를 뿌려주면 어느 정도 풀을 통제할 수 있을 것 같다.

자연을 보호하고 친환경적으로 농사를 짓는다는 것은 그리 간단하고 쉬운 일이 아니다. 대개는 힘도 많이 들고, 비용은 더 많이 든다. 하지만 이 천연제초제를 알고 난 이후로는 마당의 풀들이 그렇게 무섭지는 않다. 언제든지 마음만 먹으면 처리할 수 있으니까. 무슨 일이든 대책이 있고 없고는 하늘과 땅 차이다.

3) 난황유 만들기
오랜만에 지인의 집을 방문해 대화를 나누다가 텃밭에 난황유를 뿌려주었다는 말을 들었다. 나도 아주 오래 전 농사에 대한 의욕이 철철 넘쳐 있을 때에는, 자연농업 교육 때 배운 난황유를 만들어 사용하곤 했다.

과수원에는 농약을 사용하지 않을 수 없다지만(판매용 사과는 방제를 하지 않으면 상품성 있는 과일을 만들어낼 재간이 없다), 텃밭의 작물은 천연농자재만으로도 어느 정도 방제가 가능한 것 같다. 텃밭에서 나오는 농산물은 100% 자급용이므로, 설사 좀 흠이 있더라도 괜찮다.

이따금 텃밭에서 오이나 호박잎이 허옇게 변한 것을 발견할 수 있다. 이것은 바이러스(흰가루병)에 의한 피해로 쉽게 치료가 되지 않는다. 더구나 오이나 마디호박은 날마다 수확을 해야 하니 농약을 뿌릴 수도 없다. 그래서 나는 이들 작물을 심을 때 바람이 잘 통하도록 간격을 넓게 심는다. 그러고도 병의 징후가 보이면 바로 병든 잎을 따버린다. 만약 병반이 더 심해지면 아예 뿌리째 뽑아버린다. 옆집에서 얻어먹어도 되니까. 자급용 텃밭 농사이기에 가능한 일이다.

하지만 이런 흰가루병에도 걱정 없이 사용할 수 있는 천연농자재가 있으니, 바로 난황유이다. 난황유 제조를 위해서는 '달걀(노른자)과 물과 식용유'만 있으면 된다. 또 제조법도 아주 간단하다.

난황유를 만들기 위해 필요한 준비물(좌)과 흰가루병이 발생한 호박잎(우)

제조 방법은 계란 노른자만을 분리한 다음에 물을 조금만 넣고 노른자를 푼다. 그리고 식용유(모든 종류의 식용유를 다 쓸 수 있다)를 첨가한 후, 믹서기로 충분히(5분 이상) 유화시키면 끝이다. 이 액을 물에 섞어 뿌려주면 된다.

텃밭에서 사용할 경우에는 많은 양을 만들 필요가 없으므로 조금씩 만들어 한 번에 다 써버리는 것이 좋다. 달걀 한 개로 만들 수 있는 기본 용량이 난황유 20리터나 되므로 냉장고에 넣어두고 몇 차례 나누어 사용하면 된다. 이 난황유의 방제 지속효과는 보통 7~10일 정도라고 한다. 예방 목적인지 또는 치료 목적인지에 따라 식용유 함유량이 약간 달라진다.

- **예방 목적으로 만들 때**: 달걀노른자 1개+식용유 60ml+물 약간을 넣고 믹서기로 유화시킨다. 여기에 물 20리터를 넣고 뿌려주면 된다.
- **치료 목적으로 만들 때**: 달걀노른자 1개+식용유 100ml+물 약간을 넣고 믹서기로 유화시킨다. 여기에 물 20리터를 넣고 뿌려주면 된다.

이 난황유는 오이나 상추(흰가루병, 노균병), 장미 등 화훼류(점박이 응애), 오이나 호박(탄저병, 검은별무늬병), 그리고 토마토(진딧물, 온실가루이) 등에 효과가 있다고 한다.

그런데 이러한 자연농업 자재는 농약이 아니므로 한 방에 깨끗하게 해충이나 바이러스를 퇴치할 수 있는 건 아니다. 그러므로 한두 차례 뿌려주고 당장 효과가 없다고 너무 실망해서는 안 된다. 지속적으로 이러한 천연자재를 사용함으로써 서서히 건강한 텃밭을 만들어갈 수 있을 것이다.

10
병해충 피해 줄이기

1) 진딧물 퇴치법

한여름이면 텃밭에는 진딧물이 기승을 부린다. 얼핏 생각하면 진딧물은 비가 자주 올 때 많아 보이지만, 실제로는 장마보다는 가뭄에 더 기승을 부린다. 비가 오지 않고 좀 가물다 싶으면 영락없이 진딧물이 찾아온다. 사실 전문농가에서는 진딧물을 크게 걱정하지 않는다. 진딧물 정도는 언제든지 마음만 먹으면 쉽게 잡을 수 있기 때문이다.

자연농업에서 사용하는 진딧물 퇴치법은 간단하다. 세탁비누 100g을 잘게 썰어 물 10리터에 넣고 끓인 후, 식혀서 사용한다(퐁퐁이나 하이타이는 안 된다). 물 1말(20리터)에 식혀 놓은 비눗물 0.7리터를 섞은 후 뿌려주면 된다(조금 넉넉하게 넣어도 된다). 이것이 진딧물 퇴치 20리터 기본용액이 된다. 남은 것은 보관했다가 다음에 쓴다. 단 엽면시비를 할 때는 수분의 증발이 빠른 12시에서 오후 3시 사이가 좋다.

진딧물이 많이 생기는 원인은 밭에 비료를 많이 준 경우, 특히 질소 성분이 지나치게 많은 밭에 생긴다. 이러한 밭은 진딧물이 다시 발생할 확률이 크므로 그 원인을 제거해야 한다. 이때 많이 사용하는 방법으로 매운 고추 달인 물을 섞어서 뿌려주면 진딧물을 쫓아낼 수 있다.

엽면시비 하는 방법에 대해 설명하고자 한다. 처음에는 엽면시비를 하라고 하면 그냥 잎의 앞면에 뿌리는데, 잎의 앞면은 매끈해서 액이 잘 묻지도 않고 진딧물도 앞면이 아닌 뒷면에 붙어 있다. 그래서 엽면시비 할 때에는 항상 분무기 입자를 가늘게 해서 잎의 뒷면에 액이 닿도록 분무 방향을 아래에서 위쪽으로 향해 뿌려줘야 한다.

물 1리터에 매운 고추 10~12개를 배를 갈라 넣고 끓여 식힌 다음에, 위에서 만든 20리터 기본용액에 섞어서 뿌려주면 된다.

마지막으로, 가급적 권하지는 않는 방법인데 20리터 기본용액에 사카린 30~40g을 섞어서 뿌리는 방법이다(사카린은 원재료가 비소라고 한다). 진딧물이 지긋지긋해서 한 방에 깔끔하게 보내버리고 싶다면 사용할 수 있는 마지막 히든카드다.

2) 개미 제거법

시골집에 살다 보면 흔하게 볼 수 있는 것이 개미다. 개미는 텃밭에서도 보이고, 과수원에서도 보인다. 개미와 진딧물은 공생관계라고, 진딧물이 있는 곳에는 으레 개미도 있기 마련이다.

예전에 밭에 땅콩을 심었는데 싹이 트지 않은 곳이 상당히 많았다. 이상하다 싶어 흙을 파보았더니 반쯤 썩은 땅콩에 작은 개미들이 바글바글 달라붙어 있었다. 너무 징그러워서 여기저기 개미 퇴치법을 물어봤다.

"석유를 뿌려봐!" 그 방법은 별로 효과도 없던 것 같다. "토양살충제를 뿌려봐!" 그나마 약발이 좀 있기는 하다. 하지만 이 방법은 땅 속 깊숙한 곳에 있는 개미는 제거하지 못한다. 그래서 며칠만 지나면 다른 곳으로 이사 간 개미들이 또다시 나타난다. 또는 모기약을 뿌려도 된다. 모기약을 흥건히 뿌려주면 개미들이 즐비하게 죽는다. 하지만 이 방법도 며칠만 지나면 개미들이 또다시 나타난다. 땅속에 숨어 있는 개미가 더 많았을 테니까.

다른 좋은 방법은 없을까? 그러다가 마침내 알아낸 방법이 있으니 바로 붕산을 이용한 개미 제거제다. 밑져야 본전이니 시키는 대로 만들어봤다. 붕산으로 개미 제거제를 만드는 방법은 간단하다. 일단 약국에 가서 작은 붕산 한 봉지를 사온다. 빵부스러기(개미가 좋아하는 음식 무엇이든지)에 조그마한 티스푼으로 설탕 하나, 붕산 하나, 약간의 물을 넣고 촉촉하게 섞어준다. 그리고 개미가 다니는 길목에 조금씩 떼어놓으면 끝이다.

이 개미 제거제는 반응도 빠르다. 설탕이 들어간 빵조각이니 몇 분만 지나면 개미들이 새까맣게 달라붙는다. 이때가 제일 징그러운데 아예 쳐다보지 않는 게 상책이다. 그렇게 몇 시간만 지나면 그 많던 개미들이 어디론가 다 사라져버린다. 이상하게도 제자리에서 먹고 죽는 놈은 하나도 없다.

개미는 먹이를 물고 집으로 가져가는데, 그곳에서 붕산이 들어 있는 먹이를 사이좋게 나누어 먹고 집단으로 사망한다고 한다. 아예 근원을 제거하는 방법인 셈이다. 그래서인지 이 개미 제거제를 만들어놓으면 한동안 개미가 보이지 않는다. 물론 이 개미 제거제는 우리 집 텃밭에서 검증된 방법이고, 바퀴벌레 제거에도 효과가 있다고 한다.

얼마 전 양봉을 하시는 동네 형님과 대화를 나누는 중에 개미 때문에 고민이라는 말씀을 들었다. 그래서 붕산으로 만드는 개미 제거제를 설명해드렸다. 내가 이미 검증을 했다는 말에 귀가 솔깃하셨던 것 같다.

며칠 후 그 형님으로부터 전화가 왔다. "붕산 제거제가 꽤나 괜찮은 것 같은데! 개미들이 싹 없어졌어!"라고 기뻐하셨다.

3) 달팽이 제거법

김장 배추를 심은 뒤, 어느 날 배춧잎이 숭숭 뚫려있는 것을 발견하게 되는데 세심히 살펴보면 잎에 달팽이가 붙어 있는 경우가 많다. 그나마 귀여운 달팽이도 있지만, 민달팽이처럼 징그러운 놈도 있다.

달팽이를 제거하는 방법에는 여러 가지가 있다. 달팽이는 시중에 파는 달팽이약으로도 잡을 수 있지만 맥주로 유인해서 잡기도 한다. 달팽이가 맥주 향을 좋아한다니, 참 기가 찰 노릇이다. 나도 처음에는 달팽이 잡는다고 약을 사서 밭에 뿌려주기도 했다. 달팽이는 약을 뿌려도 잘 듣는다. 단 약값은 좀 든다(저렴한 약도 한 통에 1만원 정도 한다).

그 이후에 알게 된 방법이 바로 맥주로 달팽이를 유인하는 방법이다. 페트병을 한 10cm 정도 잘라서 땅 위로 2~3cm 정도만 올라오도록 묻는다. 여기에 맥주를 반쯤 채우고, 담배 한 개비를 섞어 넣는다. 맥주가 유인제이고, 담배가 치사제이다(담배 대신에 커피 찌꺼기를 넣어도 된다고 한다). 다음날 보면 야행성인 달팽이들이 밤새 들어가 죽어 있는 것을 볼 수 있다.

이 방법의 장점은 핑계 김에 맥주를 마실 수 있다는 것이고, 단점은 시간이 지나면 다시 만들어야 한다는 점이다. 유인 트랩은 보통 5미터에 하나씩 설치하면 된다. 사실 전문적으로 농사지으며 달팽이 문제로 고민하는 사람은 없다.

Chapter 2
실천편 – 작물별 재배법

텃밭에 심는 작물의 목록을 정리하다가 텃밭 채소의 종류가 무려 100여 가지나 된다는 것을 알았다. 지난 15년간 텃밭 농사를 지으면서 내 나름대로는 상당히 다양한 작물을 심어왔다고 생각했는데 아직까지도 많이 부족한가 보다. 물론 그들 중에는 지금까지 한 번도 들어보지 못한 이름의 채소도 있었고, 같은 품종인데도 특성에 따라 다양하게 이름이 세분된 것도 있었다.

하지만 이 책에 언급한 40여 종의 작물들은 우리 주위에서 흔히 볼 수 있는 일반적인 채소들이다. 아마도 평생 농사를 지어오신 옆집의 텃밭을 들여다봐도 내가 재배해온 품목에서 크게 벗어나지는 않을 것 같다. 게다가 흔한 작물이라 하더라도 참깨처럼 텃밭 재배에 어울리지 않는 작물은 포함시키지 않았다. 넓은 면적이 필요한 참깨를 우리 집 작은 텃밭에 심어본 적이 없다.

그래도 만약 앞으로 처음 재배하려는 작물이 있다면 앞에서 설명한 '텃밭 작물을 키울 때 고려해야 할 사항'을 참조하면 된다. 작물 재배에 대한 기본적인 지식을 알기만 하면 처음 재배하는 작물이더라도 그대로 적용할 수 있고, 결코 남들보다 뒤처지지 않을 만큼은 수확할 수 있을 테니까 말이다.

이 책에서 설명하는 텃밭 작물의 순서를 어떤 방식으로 나열할 것인지 고민을 했다. 대부분의 다른 책에서는 열매나 잎줄기 또는 뿌리를 먹는 채소로 분류해 설명하기도 하고, 가나다순으로 이름을 배열하기도 한다. 하지만 나는 좀 특이하게 텃밭에 작물을 심는 순서별로 나열하기로 했다.

같은 시기에 심는 작물들끼리 앞뒤로 모여 있으면 찾기도 편리하고, 또 재배 시기를 기억하기에도 쉬울 것 같아서이다. 많은 작물의 재배 시기를 정확히 기억하기란 초보 농사꾼에게만 어려운 것은 아닌 것 같다. 그동안 오랫동안 농사를 지어왔건만 나 역시 지금도 아차하면 농사 시기를 놓쳐버리곤 하니까 말이다.

참고로, 여기에 언급된 재배 시기는 내가 살고 있는(내가 직접 경험한) 중부지방을 기준으로 작성했다.

01
완두콩

완두콩은 봄이 오면 맨 처음 심는 작물이다. 완두콩은 서늘한 기후를 좋아하므로 3월 말에 직파를 하고, 6월이면 수확을 한다. 완두콩은 알칼리성 토양(pH7.0~8.0)을 좋아하므로 꼭 석회고토를 뿌려주고 심어야 한다. 완두콩은 직파를 해도 발아가 잘 되며 줄 간격 40cm, 포기 간격 20cm로 심는다. 완두콩은 재배기간이 짧으므로 전량 밑거름으로 주고, 넝쿨이 타고 올라갈 수 있는 지지대나 그물망을 설치해줘야 한다. 연작 피해를 줄이려면 5년간 휴작을 해야 한다.

완두콩이 열린 모습(좌)과 오이망을 설치해준 완두콩 밭(우)

최근 몇 년간 우리 집은 완두콩을 심지 않은 적이 한 번도 없는데, 그 이유는 아내의 성화 때문이다. 다른 콩들은 힘들게 농사지어 갖다 바쳐도 시큰둥하지만, 완두콩만큼은 반색을 한다. 완두콩은 맛도 있지만 요리할 때 사용할 곳도 많다고 한다. 농사를 시작한 초창기에는 몇 차례나 완두콩 재배에 실패했는데, 그 원인을 알고 난 이후로는 제법 풍성한 수확을 하고 있다.

1) 심는 시기

완두콩은 추위에 강하다고 해서 늦서리 피해도 입지 않는 작물인 줄 알았었다. 처음에는 마음만 급해서(또 추위에 강하다고 해서) 2월 말에 모종을 만들었고, 한 달쯤 지난 3월 말에 제법 커진 모종을 밭에 심었다. 완두콩이 자리를 잡고 넝쿨을 뻗기 시작했는데 4월 중순에 갑자기 심한 냉해가 찾아왔다.

추위에 강하다던 완두콩은 완전히 망가졌고, 뒤늦게(4월 15일) 종자를 다시 구입해 직파를 했다. 뒤늦게 싹이 나오기는 했지만 이번에는 재배기간이 너무 짧았는지 소출이 얼마 되지도 않았다.

그래서 완두콩은 지역에 따라 냉해를 피할 수 있는 시기에 심어야한다. 그렇다고 무조건 파종 시기를 늦추어도 안 된다. 그 이후 우리 집은(중부지방이긴 한데 조금 더 춥다) 완두콩을 3월 말이 되어야 심는다. 그것도 모종을 만들어 심는 것이 아니라 밭에 직파를 한다. 3월 말에 완두콩을 직파를 하면 4월에 냉해가 찾아와도 피해를 입지 않을 수 있다.

2) 밭 만들기

같은 콩과식물인 메주콩이나 서리태는 퇴비를 조금만 주고 심어야 하는 반면, 완두콩은 그보다는 넉넉히 거름을 줘야 한다. 완두콩은 재배기간이 짧은 작물이므로 웃거름 없이 전량 밑거름으로 주고 끝내야 한다. 완두콩은 다른 작물에 비해 질소보다는 인산과 가리를 많이 필요로 하는 작물이므로, 완두콩 밭을 만들 때 퇴비와 인산가리를 섞어주면 좋을 것 같다.

텃밭 농사를 짓는 경우에는 대부분 보유하고 있는 자재가 기껏해야 퇴비에 복합비료, NK비료뿐이다. 이런 경우에는 퇴비를 듬뿍 주고 키우는 수밖에 없다. 혹시 지역 농업기술센터에서 인산칼슘을 얻을 수 있으면 나중에 엽면시비를 해주면 좋을 것 같다. 물론 이렇게 농사를 지어도 아마추어 농사꾼의 눈높이에서 크게 벗어나지 않는 수확을 할 수 있다.

내가 완두콩을 심었던 첫 두 해는 완두콩 농사를 완전히 망쳤다고 했는데, 그 이유는 토양의 산도(pH) 조절에 실패했기 때문이었다. 완두콩이 좋아하는 pH는 7.0~8.0으로 알칼리성 토양을 좋아하는데, 처음에는 그 사실을 알지 못했다. 그래서 텃밭에 석회고토를 주지 않고 완두콩을 심었는데 발아율이 극히 저조했다(산도가 맞지 않으면 발아도 잘 안 된다).

처음에는 정확한 이유도 모르고, 그저 날씨가 너무 추웠거나 씨앗을 너무 깊이 심어서 발아가 되지 않은 줄 알았다. 완두콩 밭에는 꼭 석회고토를 뿌려줘야 하는데, 이는 선택이 아니라 필수사항이다.

3) 비닐 멀칭하기

완두콩 밭에는 비닐 멀칭을 하는 것이 좋다. 완두콩은 풀이 극성을 부리기 전에 수확을 하므로 풀 뽑느라 크게 고생을 하지는 않지만, 이른 봄에 심는 작물이므로 땅의 보온효과에는 도움이 된다. 직파를 할 경우 땅이 따뜻하면 발아가 잘 된다.

4) 종자 심는 법

완두콩 씨앗은 심기 전에 물에 불렸다가 심어야 발아가 잘 된다. 예전에 묵은 완두콩 씨앗을 물에 불리지 않고 심은 적이 있는데, 발아율이 절반도 되지 않았다.

파종은 한 곳에 2~3알씩 심으며, 만약 순이 3개 모두 올라오면 2개만 남기고 1개는 뽑아준다. 씨앗은 뭉쳐서 3개를 넣는 것이 아니라 서로 약간씩(1cm) 떨어뜨려서 심는다. 완두콩은 연작 피해가 매우 심하므로 돌려짓기를 해야 하는데, 한 번 완두콩을 심은 자리는 5년이 지난 이후에 다시 심어야 한다.

5) 재식 거리

완두콩은 줄 간격 40cm, 포기 간격 20cm로 심는데 이랑 폭이 85cm인 우리 집 텃밭에서는 보통 두 줄로 심는다. 완두콩은 넝쿨을 타고 올라가므로 꼭 지지대를 설치해줘야 한다. 지지대에는 높이 15cm 정도에서 유인줄을 띄어주며, 완두콩이 자라면 키에 맞춰 계속 줄을 띄어준다. 완두콩은 키가 그렇게 높게 자라지 않으므로 보통 3번 정도만 줄을 띄어주면 된다.

예전에는 유인줄로 완두콩 넝쿨을 유인해 주었는데, 넝쿨이 줄을 잘 붙들지 못하고 바람에 허우적거리는 것 같아서 지금은 오이망을 쳐주고 있다. 넝쿨을 유인하는 데는 줄보다는 오이망이 더 좋은 것 같다.

6) 수확하기

완두콩은 꽃이 피고 30일이면 수확이 가능한 작물이다. 그런데 꽃이 한꺼번에 피는 것이 아니니 완두콩도 순차적으로 익는다. 따라서 6월 초순부터 익은 완두콩을 골라 수확하면 된다.

02
감자

감자는 비교적 서늘한 날씨를 좋아하는 작물로 4월 초순에 심는다. 감자를 심는 땅은 물 빠짐이 좋아야 하며 줄 간격 40cm, 포기 간격 25cm로 심는다. 감자싹이 나오면 포기 당 2개만 남기고 나머지는 뽑아줘야 감자가 굵어진다. 감자는 재배기간이 짧아 웃거름 없이 밑거름으로 전량을 준다. 감자가 햇빛에 노출되지 않도록 2~3차례 북주기(흙으로 작물의 뿌리나 밑줄기를 두둑하게 덮어주는 일)를 해준다. 감자는 산성 토양(pH5.0~6.0)을 좋아하며, 연작 피해를 줄이려면 2년간 휴작을 해야 한다.

제일 큰 감자는 14cm나 된다(좌). 점적 테이프를 설치한 감자밭(우)

감자는 봄이 오면 텃밭에 먼저 심는 작물 중의 하나로 누구나 쉽게 재배할 수 있다. 감자를 집에서 키워 먹으면 담백한 맛이 마트에서 사 먹는 것과는 비교할 바가 아니다. 우리 집은 감자를 그렇게 좋아하는 편이 아니라 감자 종자를 보통 40쪽 정도 심는데(폭이 85cm인 이랑에 두 줄로 심는다), 나중에 평균 40kg 내외의 감자를 수확할 수 있다. 그 정도면 우리 식구 먹기에 충분한 양이다.

1) 감자 심는 시기

예전에는 감자를 3월 중순에 심었는데 4월 중순이 되면 싹이 나왔다. 문제는 싹이 나온 이후의 날씨인데 우리 동네는 이따금 5월 초순에도 늦서리가 내린다. 감자 싹은 당연히 냉해를 입었고, 생육이 부진하니 수확량이 저조해졌다.

품종에 따라 다소 차이가 있지만 감자는 보통 3개월 정도면 수확할 수 있다. 따라서 판매용으로 일찍 수확해야 하는 것이 아니라면(남들보다 일찍 수확을 해야 비싼 값을 받는다) 조금 늦게 심고, 늦게 수확하는 편이 더 낫다.

지금은 감자를 4월 초순이 되어야 심는다. 감자를 4월 초순에 심으면 늦서리를 피할 수 있고, 물 빠짐만 좋은 땅이라면 굳이 장마 이전에 감자를 수확하지 않아도 된다. 물 빠짐이 좋은 우리 집 텃밭에서는 장마 이후에 감자를 캐기도 하는데 썩거나 싹이 나온 감자는 한 번도 본적이 없다.

2) 밭 만들기

감자는 산성 토양을 좋아하므로 석회고토를 주지 않고 심는다. 감자를 비료 없이 퇴비만으로 키우면 더 맛이 있다고 하는데, 그래서 우리 집 감자가 더 맛있게 느껴지는지도 모르겠다. 퇴비는 전량을 밑거름으로 준다.

감자 재배에 필요한 비료는 N-P-K 비율이 11-8-9+S(황)이다(감자 비료 포대에 씌어 있는 숫자임).

토양의 비옥도에 따라 다르기는 하겠지만 폭 85cm, 길이 5m인 감자밭에 때로는 퇴비를 두 포대나 주기도 한다. 물론 비료는 전혀 주지 않고, 웃거름도 따로 주지 않는다. 감자는 연작 피해를 줄이려면 2년 휴작을 해야 한다.

> **참조** 냉해 피해를 입은 감자잎이 일부 검게 변했다. 아예 죽은 것은 아니므로 얻어온 아미노산 액비를 몇 차례 엽면시비를 해주었다. 시간이 지나자 파란색 잎이 보이기 시작했다. 물론 처음처럼 완전히 복구가 되지는 않았지만, 냉해 피해를 입은 곳에는 아미노산 액비를 뿌려주면 효과가 있다.

3) 비닐 멀칭하기

감자밭에 비닐을 씌우고 심는 이유는 잡초방제도 있지만 지온을 높여주기 위한 목적도 있다. 감자는 초기에만 풀을 잡아주면 비닐 없이도 재배할 수 있는데, 일단 감자잎이 무성해지면 더 이상 잡초 걱정을 하지 않아도 된다. 비닐을 씌우고 감자를 심으면 소출은 더 늘어나는데 나중에 북주기가 어려워진다.

따라서 나는 감자를 심고 나면 일단 흰 비닐을 덮어준다. 싹이 보이기 시작하면 날씨를 살펴가며 비닐을 걷어낸다. 이런 방식을 사용하면 나중에 북주기도 쉽게 할 수 있고, 소출도 늘릴 수 있다.

대량으로 감자를 재배하는 분들은 일손을 덜기 위해 무조건 검은 비닐을 씌우고 재배를 하지만, 텃밭 재배라면 나와 같은 방법을 사용해도 좋을 것 같다.

4) 종자 심는 방법

우리 집처럼 감자를 조금 심는 경우에는(40쪽 정도를 심는데 감자 10여 개면 충분하다) 씨감자 한 박스(10~20kg)를 사기에는 양이 너무 많다. 더구나 이른 봄에 파는 씨감자는 값도 비싸다. 억울한 생각이 들어서 마트에서 파는 감자를 종자용으로 심어도 봤다. 그 때에도 감자가 열리기는 했는데, 씨감자를 심었을 때보다 소출은 확실히 줄어들었다. 다행히 요즘은 소량으로(3kg 단위) 씨감자를 판매하는 곳도 있다.

감자는 이미 싹이 많이 자란 부분은 떼어버리고, 눈이 2~3개 남도록 잘라내어 가리액 또는 재를 묻혀서 심는다. 잘린 면이 위 또는 아래로 향하는가에 대하여 논란이 많은데, 자연농업에서는 위쪽으로 심으라고 가르친다. 그 이유는 아래로 향한 싹이 자라 땅 밖으로 나오려면 땅속줄기가 길어지고, 그 길어진 줄기에 더 많은 감자가 열리기 때문이라고 한다. 물론 이 경우에는 새순이 땅 밖으로 나오는데 시간이 오래 걸린다.

위 설명은 이론적으로 그렇다는 말이고, 실제로 경험을 해보니 이 방법보다는 싹이 빨리 밖으로 나오도록 해주는 게 더 좋은 것 같다. 따라서 잘린 면을 아래로 향해 심고(싹이 빨리 나오도록), 그 대신 나중에 몇 차례 북주기를 해주었을 때 수확량이 더 늘어나는 것 같다. 다만 이 방법은 북주기를 하려면 일손이 많이 필요하므로, 공짜로 노동력을 무한 제공할 수 있는 자급용 텃밭 재배에서 유리해 보인다. 내 인건비가 공짜인 우리 집도 당연히 이 방법을 사용하고 있다.

5) 재식 거리

감자는 줄 간격 40cm, 포기 간격 25cm로 심는다. 깊이는 15cm 이내가 좋다. 북주기를 하지 않으려고 더 깊이도(30cm) 심어봤는데 오히려 소출은 줄어들었다. 깊게 심었을 때는 이웃집 감자밭은 이미 잎이 무성한데 우리 집은 그때까지도 조그마한 싹이 보이곤 했다.

깊이 심었을 때 소출이 줄어드는 이유를 추론해보면, 싹이 늦게 나오니 햇빛을 보는 날짜가 줄어든 때문인 것 같다. 감자는 가뜩이나 재배기간이 짧은 작물인데 탄소 동화작용을 할 수 있는 날짜가 줄어드니 그만큼 수확량도 줄어든 것 같다.

대부분의 작물은 수확하기 직전 마지막 시기에 급속도로 자란다. 따라서 일주일만 더 탄소 동화작용을 하도록 환경을 만들어줘도(잎이 파란 상태로 재배기간을 늘려주는 짓) 수확량에서 큰 차이가 난다고 한다.

6) 감자 키우기

감자종자 한 쪽에서 싹이 여러 개 나오는데, 2개의 싹만을 남기고 나머지는 뽑아버린다. 세력이 좋은 싹의 밑 부분을 손으로 눌러주면서 작은 싹을 뽑으면 잘 뽑힌다. 감자순이 나오는 대로 다 키우면 감자가 작아진다고 한다. 땅이 들썩거리면 감자가 햇빛을 쐬어 파래지지 않도록 북주기를 해주는데, 보통 2~3회 정도 해준다.

감자는 수분을 많이 필요로 하는 작물은 아니지만, 특히 싹이 나올 때와 감자꽃이 필 때(비대기)에는 적어도 3~4일에 한 번은 물을 흠뻑 줘야 한다. 특히 마사토와 같이 모래땅인 경우는 수분을 머금지 못하므로 더욱 유의해야 한다.

물 공급은 수확 보름 전에(6월에 들어서면) 중단한다. 감자는 일반적으로 장마가 시작되기 전에 수확을 하지만, 물 빠짐이 좋은 땅에서는 오래 캐지 않고 두어도 된다. 참고로 봄 가뭄이 심한 해는 소출이 줄어든다.

참! 감자꽃이 활짝 피면 예쁘지만, 굵은 감자알을 기대한다면 꽃을 따줘야 한다. 물론 조금 덜 먹고 예쁜 꽃을 보는 것도 나쁘지만은 않다.

7) 병충해 피해

감자는 병충해 피해가 거의 없는 작물이다. 하지만 굼벵이 피해가 많은 땅이라면 목초액을 50배로(50배란 물 50에 목초액 1을 의미한다) 땅에 뿌려주거나, 토양 살충제를 뿌리고 심어야 한다. 어렵게 키운 감자를 굼벵이에게 헌납할 수는 없으니까.

8) 감자 수확하기

감자의 수확 적기는 잎이 누렇게 변할 때부터 완전히 잎이 마르기 직전이 좋다. 수확한 감자는 바로 말려야 하는데, 햇빛을 보면 파래지는 녹화현상이 있으므로 바람이 잘 통하는 그늘에서 2~3일 동안 말린다(그늘진 곳에 늘어놓고 신문지를 덮어주면 된다). 파란색이 나는 감자는 독성이 있으므로 먹지 말아야 한다. 감자의 보관은 6~8℃가 좋다고 하는데, 사실 이 온도는 일반 가정에서는 오랫동안 유지하기 어려운 온도다.

9) 감자를 화분(또는 비닐 백)에서 키우기

혹시나 관심 있는 분들도 계실지 모르므로 유튜브에서 본 화분(또는 비닐 백)에서 감자를 키우는 방법을 소개하려 한다. 텃밭이 없더라도 마당 한 구석이나 옥상에서 감자를 재배할 수 있는 방법이다.

재배 방법은 평범한데 흙 색깔을 보면 아주 거름기가 많아 보인다(흙이 피트모스인 것처럼 보인다). 커다란 화분에 흙을 절반쯤 채우고 씨감자 몇 쪽을 넣으면 끝이다. 이렇게 용기를 사용해 감자를 심으면 크게 잡초 걱정을 하지 않아도 될 것 같다. 수확량도 많아서 전체 용기의 30%는 감자로 채워지는 것 같다.

한 가지 특이사항이 있다면, 처음부터 감자를 깊게 심지 않는다는 점이다. 처음에는 흙을 절반쯤만 넣고 감자를 심지만, 나중에 감자싹이 자라면 몇 차례에 걸쳐 흙을 조금씩 더 넣어준다. 우리가 북주기를 해주는 것과 같은 원리다.

03

청경채

청경채는 추위에 강한 작물로 4월 초순에 모종을 심는다. 밭에 직파하는 것보다 일찍 모종을 만들어 심는 것이 병충해 피해를 줄일 수 있다. 청경채는 약산성 토양(pH6.5~7.0)을 좋아하므로 밭을 만들 때 석회고토를 조금 뿌려주는 게 좋고, 포기 간격 20×20cm로 심는다. 청경채는 재배기간이 짧으므로 전량 밑거름으로만 준다. 배추과작물을 심었던 자리는 연작 피해가 나타나므로 피해서 심어야 한다.

청경채는 모종을 심고 한 달만 키우면 언제든지 수확할 수 있다

예전에 아내가 중국요리를 배우더니만, 자주 식탁에 올라오는 요리가 있으니 바로 '청경채 굴 소스 볶음'이었다. 아마 재료비도 별로 들지 않고 후딱 만들 수 있는 손쉬운 요리라 자주 밥상에 올라왔는지도 모르겠다. 아무튼 그 요리는 나의 관심을 끄는데 성공했으니, 그 이후 청경채는 우리 집 텃밭에서 한 해도 거르지 않고 키우는 채소가 되었다.

1) 심는 시기

기존 재배법에 의하면, 청경채는 4월 초순에 모판에 씨앗을 넣고 5월 초순에 모종을 심으라고 한다. 아마도 그 시기가 생장에 적합한 온도이기 때문일 것이다. 그러나 청경채는 추위에 엄청 강한 작물이라 그렇게 늦게 심을 필요는 없을 것 같다. 더구나 기온이 올라가면 병충해 피해도 커지니까 말이다.

우리 집은 3월 초순이면 모종을 만든다. 포트에 씨앗을 넣고 모종을 30~40일 정도 키운 다음 4월 초순 밭에 심는다. 청경채는 재배기간도 짧아서 5월 중순이면 벌써 텃밭에서 뽑아 먹을 수 있다(한꺼번에 다 수확하는 것이 아니고 조금씩 밭에서 뽑아먹는다).

내친 김에 더 일찍도 만들어봤다. 2월 중순에 모종을 만들고(추우면 모종 만들기가 조금 어렵다) 3월 중순에 밭에 정식을 했다. 하필이면 그 해에 냉해가 찾아와서 조금 걱정을 했는데, 청경채는 냉해에도 끄떡없었다. 청경채가 그렇게까지 추위에 강한 작물인지 몰랐다. 이른 봄에는 먹을 만한 신선한 채소도 별로 없으니 냉해 걱정 없는 청경채를 일찌감치 재배하는 것도 좋을 것 같다.

모종을 만드는 방법은 모판에 씨앗을 2개씩 넣는다. 묵은 씨앗만 아니라면 1개씩만 넣어도 발아율이 거의 99%는 되는 것 같다. 모종을 만들면 발아율을 높일 수 있고, 씨앗도 절약할 수 있다.

2) 밭 만들기

토양 산도는 약산성 토양(pH6.5~7.0)을 좋아하므로 밭을 만들 때 석회고토를 뿌려줘야 한다. 청경채는 연작 피해가 있으니 같은 배추과(십자화과)작물을 심었던 자리는 피하는 것이 좋다.

청경채는 파종 이후 60일이면 수확할 수 있는데, 생육기간이 짧은만큼 웃거름을 줄 필요는 없다. 하지만 밭을 만들 때 거름은 배추밭을 만들 때처럼 충분히 줘야 한다. 나는 퇴비 위주로 주되 복합비료도 조금 섞어준다. 또 붕사도 조금 뿌려주는 것이 좋다(배추과작물에서는 붕소 결핍 현상이 잘 나타난다).

기온이 높아지고 수분이 부족하면 생리장애로 칼슘 결핍 현상도 나타나므로 물도 많이 줘야 한다.

3) 재식 거리

청경채 모종은 보통 15×15cm 간격으로 심으라고 하는데, 나중에 보니 너무 빽빽해졌다. 그래서 나는 재식 거리를 20×20cm로 심고 있다. 20cm 간격으로 심어도 나중에 보면 빈 공간이 거의 없을 정도다.

청경채는 씨앗을 밭에 직파를 해도 되는데, 4월 초순에 파종을 하면 6월 초순에 수확할 수 있다. 직파를 하는 방법은 줄 간격 20~25cm로 줄뿌림을 하고, 싹이 나오면 15cm 간격으로 솎아주면 된다. 가을 재배도 할 수 있는데 8월 말에 파종을 하면 11월 초순에 수확할 수 있다.

4) 병충해

청경채는 텃밭에서 키우기 쉬운 작물로 시기만 잘 맞추면 상추만큼이나 쉽게 키울 수가 있다. 이른 봄에 모종을 만들면 병충해가 극성을 부리기 전에 수확을 하고 끝낼 수도 있다. 기온이 올라가기 시작하면 벼룩잎벌레의 공격으로 작은 구멍이 숭숭 뚫리고 남아나는 게 없다.

예전에 초여름에 청경채를 심은 적이 있었는데 날씨가 더워지니 발아도 잘 되지 않았고, 벼룩잎벌레도 극성을 부렸다. 결국 중간에 한 포기도 수확하지 못한 채 전부 뽑아버려야 했다.

04
콜라비

콜라비는 봄-가을로 일 년에 두 번 재배가 가능하며, 뿌리와 잎 사이의 굵어진 줄기(비대 줄기)를 먹는 채소다. 콜라비는 추위에 강한 저온성 작물로, 4월 초순에 모종을 밭에 심으면 6월 초순에 수확할 수 있다. 줄 간격 60cm, 포기 간격 30cm로 심는다. 거름은 많이 필요로 하지 않지만, 밭을 만들 때 붕소를 뿌려주는 것이 좋다. 콜라비는 병충해 피해도 거의 없으며 약산성 토양(pH6.0~7.0)을 좋아한다. 연작 피해가 있으므로 같은 배추과작물을 심었던 자리는 피하는 게 좋다.

콜라비 맛은 순무와 비슷한데 모양이 좀 기괴하게 생겼다

외국 원예사진을 볼 때 이따금 보랏빛의 묘하게 생긴 채소를 발견하곤 한다. 몸통에서 기형적으로 줄기가 쭉쭉 뻗어 나와 약간은 징그러운 모습으로, 내 흥미를 끄는 작물은 아니었다. 얼마 전 옆집에 놀러 갔다가 콜라비를 처음 맛볼 수 있었는데, 순무와 비슷한데 단맛도 있고 아삭거리는 식감이 꽤나 괜찮았던 것 같다. 더구나 기괴한 줄기는 모두 제거한 상태라 처음에는 그것이 콜라비인 줄도 몰랐다.

콜라비Kohlrabi는 독일어의 양배추를 뜻하는 Kohl과 순무를 뜻하는 Rabic을 합쳐서 만든 합성어라고 한다. 그런데 콜라비의 효능을 보니 비타민C의 함유량이 유난히 높고, 칼슘에 철분도 있고 식이섬유도 많아 다이어트 식품으로도 인기가 있다고 한다. 그렇다면 우리 집 텃밭에도 콜라비를 심어볼까?

1) 심는 시기

콜라비는 밭에 직접 심으면 발아율이 많이 떨어지므로 모종을 만들어 심는 것이 좋다. 콜라비는 추위에 강한 저온성 작물로, 3월 초순에 모종을 만들고 4월 초순에 밭에 모종을 옮겨 심으면 6월 초순에 수확할 수 있다. 가을 재배도 가능해서 8월 말에 모종을 심으면 10월 말~11월 초순에 수확할 수 있다. 모종을 키우는데 30일 정도 소요되며, 모종을 심은 후 55~60일이면 수확이 가능하다.

예전에 모종을 서둘러 2월 말에 만든 적이 있었는데, 날씨가 추운 탓인지 한 달이 지나도록 모종이 별로 크지 못했다. 모종 줄기가 실파처럼 가늘었는데, 이런 모종은 밭에 심어도 제대로 크지 못한다. 모종을 만드는 환경이 좋지 않으면 무조건 빨리 씨앗을 뿌린다고 좋은 것은 아니다.

2) 밭 만들기

콜라비는 약산성 토양(pH6.0~7.0)을 좋아하므로 밭을 만들 때 석회고토를 조금 뿌려주는 것이 좋다. 콜라비 밭에는 퇴비만 넉넉히 뿌려주고 비료는 전혀 주지 않고 심는데, 해마다 큼직한 콜라비를 수확할 수 있었다.

콜라비도 무나 배추처럼 붕소 결핍 현상이 잘 나타난다고 하니 밭을 만들 때 꼭 붕소도 뿌려줘야 한다. 콜라비는 연작 피해가 있으므로 같은 배추과(십자화과)작물을 심었던 자리는 피해서 심어야 한다.

참조 농사 재배기록을 살펴보니 콜라비 밭에 자가제조한 키토산+아미노산 액비를 3차례 뿌려준 기록이 있었다. 그 덕인지는 몰라도 그 해 우리 집 콜라비는 평균 직경이 14cm가 넘었으니 평소보다도 유난히 굵었던 것 같다. 물론 단맛도 더 강해졌고.

3) 비닐 멀칭하기

콜라비 밭에는 비닐 멀칭을 하는 것이 좋다. 풀 걱정은 크게 하지 않아도 되지만, 지온을 높여줄 수 있으므로 생육에 도움이 된다.

4) 재식 거리

재식 거리에 대해 여러 의견이 있는데, 내 경험상으로 줄 간격은 60cm, 포기 간격 30cm로 심는 것이 적당한 것 같다. 예전에 콜라비가 그리 커질 것 같지 않아 30×30cm의 간격으로 심은 적이 있는데, 심고 얼마 지나지 않아 콜라비 잎이 너무 빽빽해져서 빈 공간을 찾기가 힘들 정도였다. 혹시 작은 콜라비를 선호하는 분이라면 몰라도, 난

큼직한 콜라비가 좋다. 재식 거리를 30×30cm로 가깝게 심었던 해에는 콜라비 직경이 10cm 내외였는데, 30×60cm로 심은 해에는 대부분 직경이 14~15cm는 되었다(물론 키토산 액비를 뿌려준 덕도 있겠지만). 직경에서 이 정도 차이가 난다는 것은 무게나 부피로 따지자면 거의 3배만큼 크다는 말이다. 물론 큰 만큼 먹을 것도 많다.

5) 수확하기

콜라비는 모종을 정식하고 55~60일 정도 지나면 수확한다. 콜라비를 심었던 첫 해에는 빨리 수확하지 않으면 심이 박혀 먹지 못한다는 지인의 말에 급하게 수확을 했다. 곧바로 몇 개를 잘라봤는데 다행히 심이 박힌 것은 하나도 없었다.

콜라비를 수확할 때 뿌리가 얼마나 깊게 박히는지 줄기를 당겨도 잘 뽑히지 않는다. 잎은 연해서 잘 떼어지지만 줄기는 엄청 억세다. 뿌리를 잘라낼 때 웬만한 칼로는 베어지지 않을 정도이니까.

콜라비는 간격을 넓게 심고 거름만 넉넉히 준다면 저절로 잘 자라고, 병충해 피해도 거의 없어 키우기 아주 쉬운 작물이다.

05
당근

당근은 봄-가을로 재배가 가능한 작물로 추위에도 강하다. 봄 재배는 4월 초에 파종하면 7월 중순이면 수확하고, 가을 재배는 7월 중순에 파종을 하면 10월 말경에 수확할 수 있다. 당근은 일단 발아만 되면 쉬운데 발아가 조금 어렵다. 당근은 직파를 하되 20cm 간격으로 골을 만들어 줄뿌림을 한다. 당근 씨앗 한 봉지면 2~3평 정도를 심을 수 있다. 당근은 병충해 피해도 없고, 연작 피해도 없으므로 계속 같은 자리에 심을 수 있다. 당근은 산성 토양(pH6~6.5)을 좋아하므로 석회고토를 주지 않고 심는다.

8월 초에 심어 수확한 당근

오랜만에 아는 형님을 만나 대화를 나누다가 텃밭 농사로 이야기가 흘러갔다.

"콜라비는 심을 게 못돼요. 다이어트 식품이라는데도 식구들이 영 먹을 생각을 하지 않거든요!"

"우리 집도 그래. 남들은 비트를 비싼 돈 주고 사 먹는다는데 우리 식구들은 쳐다보지도 않아!"

어느 집이든 식구들 입맛이 촌스러워 좀 색다르다 싶으면 아예 먹을 생각을 하지 않는 것 같다.

"차라리 올가을에는 콜라비 말고 당근이나 심어야겠어요."

내 말에 형님이 손을 저으며 말씀하셨다.

"당근 심기에는 너무 늦었어!"

이제 막 8월이 시작되었는데 이미 늦었다고 하신다. 우리 동네에서는 늦어도 7월 중순까지는 심어야 큼직한 당근을 수확할 수 있다고 하신다. 조금 늦기는 했지만 당근을 그냥 심기로 했다. 팔 것도 아닌데 조금 작게 먹으면 되지!

1) 심는 시기

당근은 모종을 만들어 심기도 하는데, 모종을 만들면 잔뿌리가 많아지고 길이도 짧아진다. 가급적이면 당근은 직파를 하는 게 좋다.

당근은 서늘한 기후를 좋아하므로, 봄 재배의 경우 4월 초순에 씨앗을 뿌리면 7월 중순에 수확할 수 있다. 당근이 추위에 강하다고 하더니만 서리 피해도 거의 입지 않는다. 가을 재배의 경우, 중부지방은 보통 7월 중순까지 당근 씨앗을 파종해야 상품성 있는 당근을 수확할 수 있다고 한다.

실제로 당근을 8월 초순에 심고 11월 초순에 수확을 했는데, 제법 큰직한 당근을 수확할 수 있었다. 따라서 자급용 텃밭 재배라면 발아율이 떨어지는 7월 중순보다 조금 늦추어 심는 것도 괜찮을 것 같다.

당근을 심을 때는 씨앗을 얕게 심어야 발아가 잘 된다고 한다. 씨앗을 뿌린 후에는 꼭 그늘을 만들어줘야 한다. 한여름에 햇볕이 워낙 강하니 그대로 내버려두면 거의 발아가 되지 않는다. 발아시키는 방법은 씨앗을 뿌린 후 검은색 차광막을 덮어주고, 며칠 동안 차광막 위로 물을 뿌려주면 된다. 일주일쯤 지나면 많은 당근 싹이 나오는데, 이때 차광막을 걷어낸다.

당근 싹이 10cm 정도로 자랐을 때 포기 간격 10cm로 하나씩만 남겨놓고 나머지는 모두 솎아준다. 당근을 솎아줄 때에는 과감하게 솎아줘야 당근이 굵어진다. 물론 다른 작물들도 과감하게 솎아줘야 하는 건 마찬가지다.

묵은 씨앗은 발아율이 급격히 떨어진다. 대부분의 씨앗들은 냉장고에 넣어두면 몇 년을 사용할 수가 있는데(우리 집 상추 씨앗은 5년도 넘었다), 당근의 종자 수명은 보통 15개월 정도로 짧다고 한다. 그래서 당근 씨앗을 구입할 때는 유효기간을 잘 확인해야 한다. 당근 씨앗은 남겨봤자 별 소용도 없으니 한꺼번에 전부 사용하는 게 낫다.

2) 밭 만들기

당근 심을 밭은 평평하게 이랑을 만든다. 토양은 pH6~6.5의 산성 토양을 좋아하니 석회고토를 주지 않아도 된다. 처음 밭을 만들 때 주는 거름의 양은 김장 무를 재배할 때와 비슷하게 퇴비만 듬뿍 주면 된다. 하지만 당근은 재배기간이 다소 긴 편이니 웃거름을 한 차례 주는 것이 큼직한 당근을 수확하는데 도움이 된다.

웃거름이 필요해보이면(생육 발달이 저조해 보이면) 아미노산 액비나 키토산 액비를 뿌려준다(액비가 없으면 어쩔 수 없이 NK비료를 조금 뿌려줘야 한다).

자갈이 많은 밭은 매끈하지 않은 당근이 만들어진다고 하니 미리 돌들을 골라줘야 한다. 당근 밭을 만들 때는 붕소도 조금 넣어줘야 한다.

3) 재식 거리

당근은 줄 간격 20cm로 줄뿌림을 하고, 나중에 포기 간격 10cm로 솎아주면 된다. 또 당근은 골 파종을 하는데, 아주 얕게 골을 파고 씨앗을 넣고 살짝 흙으로 덮어주면 끝이다. 골이 깊어지면 발아율이 떨어진다.

수확은 파종 후 90~110일 정도가 소요된다고 하니 생육기간이 다소 긴 편이다. 당근은 줄뿌림을 하니 비닐을 씌워주기도 어렵다. 따라서 당근 밭은 몇 차례 잡초를 제거해줘야 한다. 잡초를 뽑아주지 않으면 당근도 없다.

4) 병충해

당근은 연작 피해도 없고, 병충해 피해도 거의 없는 작물이다.

5) 수확하기

당근은 잎이 축 늘어졌을 때가 수확 시기이다. 풀을 두세 번 뽑아준 것 이외에는 그냥 내버려 두었는데 예상외로 당근 잎이 크게 자랐다. 올해는 가을비가 유난히도 많이 오더니만 당근 농사에 도움이 된 것 같다.

비가 오고 나서 날씨가 추워진다고 하므로 11월 초순에 수확을 했는데, 엄청나게 실한 당근을 수확할 수 있었다.

06
초석잠/택란

초석잠은 추위에 강해 월동이 가능한 작물이다. 초석잠은 종구로 번식을 하므로 4월 초순에 종구를 심으면 된다. 초석잠의 수확 시기는 줄기가 마르는 11월 말부터 이듬해 3월까지다. 초석잠은 재배기간이 긴 다비성 식물이므로 밑거름을 넉넉히 주고 심는데 줄 간격 80cm, 포기 간격 35cm로 심는다. 방제는 필요 없지만, 풀은 잡아줘야 하고, 연작 피해도 있다.

택란(좌)과 초석잠(우). 밭에 심을 때 종구 위아래를 구분해서 심는다

지인께서 골뱅이처럼 생긴 종구를 주셨다.

"초석잠인데 치매에 좋대!"

치매에 좋다는 말에 눈이 번쩍 뜨였다. 요즘은 무슨 말을 하려 해도 적당한 단어가 잘 떠오르지 않고, 기억력도 깜빡거리니 치매에 도움만 된다면 무엇이든 먹어야 할 판이다.

처음 심는 식물이니 재배법을 찾아봤다. 초석잠은 풀만 잡으면 무척이나 재배하기 쉬운 작물이라고 한다. 키가 얼마나 크는지 나와 있지 않지만(사진으로 보면 1미터 이내인 것 같다) 지지대나 유인줄은 필요 없어 보였다. 토양 산도(pH)에는 별 영향을 받지 않는지 아무리 찾아도 자료가 없다. 일단 심어보면 나중에 알겠지. 우리 집 텃밭 한 쪽에 초석잠 종구 15개를 심었다.

1) 심는 시기

초석잠/택란 종구는 4월 초순에 심는다. 지난해에 심었던 초석잠/택란의 수확 시기가 11월 말부터 이듬해 3월까지이니 수확한 종구를 바로 심어도 된다. 그냥 내버려두어도 싹이 나오는데 연작 피해가 있다고 하므로 옮겨 심는다. 추위에는 강하지만 모종을 심을 때는 안전하게 5월 초순에 심는 것이 좋다. 종구를 4월 초순에 심어도 5월이 되어야 싹이 나온다.

종구를 심을 때에는 뾰족한 부분을 위로 향하도록 심는다. 그러면 아래쪽으로 싹이 나오면서 'U'자 형태로 위로 자란다. 뒤늦게 밭에서 종구를 캐보면 뿌리가 위로 휘어 자라는 모습을 볼 수 있다.

2) 밭 만들기

초석잠은 다비성 식물이므로 밑거름으로 퇴비를 넉넉히 넣어주고 심는다. 초석잠은 추비를 주고, 택란은 키가 크게 자라므로 주지 않는다.

3) 재식 거리

재식 거리는 한 줄로 심었을 때 포기 간격 35cm로 심으면 된다. 초석잠은 땅속 깊이 열리는 것이 아니라 땅 표면에 넓게 분포한다. 택란은 땅속 깊이 박힌다.

4) 재배 후기①

8월이 되자 초석잠이 크게 자랐다. 키가 기껏해야 1미터 이내로 자라는 줄 알았는데 우리 집 초석잠은 내 키보다 커졌다. 웃거름 주는 것은 애당초 포기했다. 덕분에 옆에 심었던 생강과 비트는 햇빛도 제대로 받지 못하고 내내 고생을 해야 했다. 또 키가 크니 당연히 쉽게 쓰러졌다. 어쩔 수 없이 2미터나 되는 고추 지지대를 세워주고, 끈으로 이리저리 묶어주었다.

키가 큰 토란이 택란 옆에서는 초라해보인다

원래 초석잠은 지표면 가까이에 열리고, 줄사탕처럼 매달려 있으므로 수확하기 쉽다고 한다. 그런데 우리 집은 땅속에 박혀 있었다. 수확을 하다가 아내가 끝내 한마디했다.

"이게 무슨 초석잠이야, 도라지지!"

흙이 부드러운 데도 깊이 박힌 초석잠을 캐는데 힘이 들었다. 앞으로 초석잠 심을 밭은 두둑을 좀 높게 만드는 것이 좋을 것 같다. 총 수확량은 살아남은 15개 종구에서 사과박스로 2박스 정도가 되었으니 제법 괜찮게 농사를 짓지 않았나 싶다.

내가 사진에서 본 초석잠은 분명히 손가락 한두 마디 크기로 번데기처럼 보였었다. 그런데 내가 캔 초석잠은 전부 15cm는 되는 도라지처럼 큰 것들뿐이었다.

혹시 초창기에 뿌려준 키토산 액비 때문에 키가 커졌나? 아무튼 내 농사 실력이 많이 늘었나 보다 했다. 초석잠이 크니 손질하기도 쉽고, 먹기도 나쁘지 않을 것 같다. 설마 크다고 약효가 떨어지는 것은 아니겠지?

5) 재배 후기②

재배법에 초석잠과 택란이 섞여 있어 헷갈리실 것 같은데 이제 그 이유를 설명해야겠다.

초석잠 재배 후기를 내 블로그에 올리고 자랑을 했다. 그런데 이웃님이 사진을 보시고는 초석잠이 아니라 택란이라고 하신다. 그럴 리가 있나? 곧바로 인터넷을 찾아봤다. 그런데 그 말씀이 맞다. 사진으로 봐도 확연히 차이가 난다. 어째 우리 집 초석잠이 너무 크다 싶긴 했다.

그동안 택란을 놓고 초석잠이냐 아니냐로 논란도 많았던 모양인데, 지금은 정리가 되어 작은 골뱅이처럼 생긴 것이 초석잠, 큰 누에처럼 생긴 것을 택란이라고 부른다고 한다. 이름이야 어떻게 부르든 상관이 없는데 문제는 두 종류가 완전히 다른 식물이고, 약효도 전혀 다르다는 데 있다. 초석잠이 치매에 예방효과가 있다면, 택란은 당뇨와 혈액순환, 여성 건강에 좋다고 한다.

- 초석잠: 기억력, 치매예방 등 뇌 건강에 좋음
- 택란: 당뇨와 여성 건강(부인과 순환기 질환: 생리통, 월경불순), 혈액순환, 장 기능 개선 및 이뇨작용

앞으로도 우리 밭에서 택란을 계속 재배해야 할지는 잘 모르겠다. 하지만 내가 심지 않더라도 작년에 택란을 심었던 밭에서는 땅속 깊숙이 남았던 뿌리가 끊임없이 싹을 틔울 것이다. 초석잠이든 택란이든, 이런 작물들은 아무리 싹을 뽑고 뽑아도 또 나온다. 그래서 한 번 심으면 쉽게 없애버리지도 못한다.

그런데 나에게 택란을 주셨던 지인께는 뭐라고 말씀을 드려야 하지? 치매에 좋다고 특별히 나를 생각해서 주셨는데… 정확하게 알려드리자니 택란에 배신감을 느끼실 테고, 모른 체하려니 그것도 영 개운치가 않다. 혹시 플라시보 효과라도 있으려나?

재배법을 초석잠에서 택란으로 굳이 바꿀 필요는 없을 것 같다. 두 가지 모두 재배법이 비슷하고, 차이가 있는 부분은 따로 표시를 했다. 끝으로 집에서 택란을 드시려면 종구 4~5개만 심으셔도 충분할 것 같다.

07
상추, 쌈 채소(겨자채, 쑥갓)

A. 상추 재배법

상추는 비교적 서늘한 기후를 좋아하는 작물로 봄과 가을에 심는다. 품종에 따라 다르지만 대략 20~30cm 포기 간격으로 심고, 거름은 넉넉히 주는 것이 좋다. 자라는 속도가 빠른 만큼 물과 거름도 자주 줘야 한다. 여름철 기온이 올라 추대(꽃줄기가 자라는 현상)가 발생하면 상추 농사도 끝나게 되고, 잠시 쉬었다가 가을 재배를 다시 시작하게 된다. 상추는 약산성 토양(pH6.6~7.2)을 좋아한다.

상추(좌), 쑥갓(중), 겨자채(우)

텃밭 농사든 주말농장이든, 농사를 짓는다고 하면 누구나 심는 작물이 바로 상추다. 그만큼 흔하고 재배하기 쉬운 작물이므로 재배법을 생략해 버릴까 고민도 했다. 그래도 혹시 몇 가지 정보는 필요할지도 모른다는 생각에 재배법을 정리해봤다. 시시콜콜하게 다 설명하겠다는 건 아니고, 중요한 몇 가지 정보만!

1) 심는 시기

상추는 서늘한 기후를 좋아하므로 3월 초순이면 모종을 만든다. 상추는 땅에 직파를 해도 되지만, 모종을 만들어 심으면 빨리 수확할 수 있다. 3월 초순에 텃밭에 상추 씨앗을 직파를 하면 한 달이 지나도 싹이 잘 나오지 않는다. 참고로 시장에서 파는 상추 모종은 씨앗을 뿌리고 이미 35~45일 정도 키운 상태다.

3월 초순에 만든 모종은 4월 중순경에 밭에 정식을 하는데, 상추는 늦추위가 오더라도 거의 피해를 입지 않는다. 텃밭에서 자급용으로 상추를 심을 때는 몇 포기만 심더라도 한 가족이 먹기에 충분한 양이 나온다.

2) 밭 만들기

상추는 거름을 좋아하므로 밭을 만들 때 퇴비와 비료를 섞어 준다. 상추는 뿌리째 뽑아먹는 것이 아니고 일부 잎만 수확하는 것이므로, 상추 잎을 수확한 후에는 물과 거름을 뿌려줘 빨리 상추가 회복될 수 있도록 도와준다. 상추는 중성에 가까운 약산성 토양(pH6.6~7.2)을 좋아하므로 석회고토를 미리 뿌려주는 게 좋다.

3) 재식 거리

상추의 품종에 따라 다르지만 보통 20~30cm 정도의 포기 간격으로 심으면 된다.

4) 상추 모종 만드는 법(모든 작물에 공통)

봄에 상추 모종을 만들기는 쉽지만, 날씨가 더워지면 모종을 만드는 일이 쉽지만은 않다.

상추를 심어 잘 먹고 있었는데 7월이 되면 추대가 올라온다. 상추를 뽑아버릴 때가 된 것이다. 여름이면 시골로 찾아오는 손님도 많은데, 막상 필요한 때가 되니 그 흔했던 상추가 없다. 다시 상추를 심어야겠는데 이때쯤이면 모종을 파는 곳도 없다. 급하게 모종을 만들어보려 해도 도무지 상추 싹이 나올 기미가 보이지 않는다. 텃밭에 상추 씨앗을 직파해도 싹이 나오지 않기는 마찬가지다.

상추는 기온이 25℃ 이상으로 올라가면 휴면 상태가 된다고 한다. 뒤늦게 아무리 노력을 한들 시원한 시설이 갖추어지지 않은 한 상추 씨앗을 발아시키기가 어렵다. 그래서 나는 6월 중순이면 여름에 먹을 상추 모종을 미리 만든다.

이때도 싹이 잘 나오지 않기는 마찬가지인데, 싹을 빨리 틔우는 비결은 모종을 만든 후 시원한 곳에 두되 신문지나 종이로 살짝 덮어주면 된다. 그러면 2~3일 후면 싹이 튼다. 싹이 나왔다고 해서 한 번에 신문지를 치우지는 말고, 며칠간 서서히 일조량을 늘려준 후에 치운다.

싹이 여러 개 올라오므로(씨앗을 한 개씩만 넣는 사람은 없겠지요) 싹이 조금 커지면 솎아줘야 한다. 한 구에 한 포기만 남기고 나머지는 전부 제거해야 한다. 그런데 작은 싹을 뽑으면 흙이 들썩여 남은 상추마저 약해진다. 이럴 때에는 튼튼한 것 한 개만 남겨놓고 나머지는 작은 가위로 줄기를 잘라내면 된다. 줄기 잘린 상추는 뿌리도 저절로 죽는다.

모종을 만드는 박스. 뚜껑이 반투명이라 신문지를 덮어주지 않아도 된다.
사진 속 작은 가위로 모종을 잘라주면 쉽다

상추는 씨앗 한 봉지만 사면 5년 넘게 사용할 수 있다. 보관방법은 테이프로 밀봉하고 냉장고에 넣어두면 된다. 물론 시간이 지나면 발아율이 좀 떨어지지만, 대신에 모종 만들 때 씨앗을 좀 많이 넣어주면 된다.

여기에 설명한 모종 만드는 법은, 비단 상추뿐만 아니라 대부분의 텃밭 작물에 공통으로 적용할 수 있다.

B. 겨자채, 쑥갓 재배법

텃밭에 심는 쌈 채소로는 상추 말고도 다양한 종류가 있다. 이들 쌈 채소는 몇 포기씩만 심어도 한 가족이 먹기에 충분한 양을 수확할 수 있다. 다만 비싼 종자를 구입해 모종을 만들기보다는 시장에서 몇 포기 구입해 심는 편이 더 싸게 먹힌다(쌈 채소는 모종 가격도 싸다). 더구나 종류별로 골고루 모종을 사면 다양한 채소를 맛볼 수 있다는 장점도 있으므로, 우리 집에서는 상추, 겨자채, 쑥갓 빼고는 대부분의 다른 쌈 채소는 모종을 구입한다(겨자채도 씨앗을 구입한 것을 후회하고 있다).

이들 쌈 채소는 상추밭을 만들 때 좀 더 크게 만들고 상추 옆에 심으면 된다. 재배법도 상추와 거의 동일하다.

겨자채는 좀 더 넓게 30cm 포기 간격으로 심는 게 좋다. 겨자채는 상추보다도 훨씬 크게 자란다. 나중에 기온이 올라가면 잎벌레가 많아지는데, 쌈 채소에 방제를 할 수도 없으니 그냥 뽑아버린다.

상추 옆에서 쑥갓도 키울 수 있는데 재식 거리는 포기 간격 20cm로 심는다. 쑥갓은 향이 좋아 쌈 채소로 애용을 하는데 5월 말이면 꽃대가 올라오고, 6월 초순이면 꽃망울이 생긴다. 이때쯤이면 쑥갓의 맛도 떨어지므로 뽑아버린다.

08
브로콜리

브로콜리는 초보자도 재배하기 쉬운 작물로 봄-가을로 재배가 가능하다. 봄 재배는 4월 중순에 모종을 심고, 가을 재배는 8월 말에 모종을 심는다. 병충해 피해가 있지만 조금 빨리 재배하면 피해를 줄일 수 있다. 줄 간격 45cm, 포기 간격 35cm로 심고, 거름은 충분히 줘야 한다. 브로콜리는 약산성 토양(pH6.0~6.5)을 좋아한다. 브로콜리는 세계 10대 슈퍼 푸드 중의 하나로 선정된 작물이라고 하니, 앞으로도 우리 집 주요 텃밭 작물이 될 것 같다.

내가 브로콜리를 처음 키웠던 것은 아주 오래 전의 일이다. 그 당시는 비닐하우스가 없어 모종을 제대로 만들지도 못했고, 초기 생육이 늦은 탓인지 6월이 되어서도 결구가 제대로 맺히지 않았다. 거기에다가 벌레들까지 극성을 부렸으니 결국 브로콜리를 한 포기도 수확하지 못한 채 모두 뽑아버려야 했다. 그때 브로콜리는 재배하기가 어려운 작물이라고 결론 내렸었다.

그 당시는 초짜 농부였으니 그렇다 치고, 농사 경력이 많이 쌓인 지금은 좀 달라지지 않았을까 하는 생각이 들었다. 그래서 다시 모종을 만들었는데, 아직도 예전의 악몽이 남아 있었으니 모종을 시험 삼아 조금만(14포기) 만들었다. 잔뜩 심었다가 또 수확하지 못하면 망신이니 티 안 나게 조금만 심었다가 망치더라도 슬쩍 넘어가려고.

14포기 심어 이 정도 수확했으면 성공했지 싶다

1) 심는 시기

브로콜리는 봄-가을로 일 년에 두 번 재배 가능한 작물이다. 봄 재배용으로는 3월 중순에 모판에 씨앗을 넣고 30일 정도 모종을 키운 다음, 4월 중순에 밭에 옮겨 심으면 된다. 브로콜리는 추위에 강한 편이라 웬만한 추위에는 잘 견딘다. 브로콜리는 가능하면 빨리 심고 빨리 수확하고 끝내는 게 좋다. 자칫 어물거리다가는 벌레들에게 헌납하기 딱 좋은 작물이다.

가을 재배용으로는 8월 초순에 모종을 만들고 8월 말에 밭에 정식하면 된다. 브로콜리는 밭에 정식하고 두 달 정도만 키우면 수확할 수 있다. 브로콜리는 봄 재배보다 병충해 피해가 적은 가을 재배가 쉽다고 한다.

브로콜리는 한 포기에 한 송이만 열리는 게 아니고, 나중에 보면 주위에 몇 개가 더 결구되기도 한다. 그래서 처음 열린 큼직한 브로콜리를 수확한 이후에도 뿌리를 뽑지 않고 내버려두면 늦게까지 작은 송이 몇 개를 더 수확할 수 있다.

2) 밭 만들기

브로콜리 밭을 만들 때에는 퇴비뿐만 아니라 비료도 섞어서 뿌려줘야 한다. 큼직한 브로콜리를 수확하려면 거름이 충분해야 한다. 재배 기간이 두 달 정도로 짧은 편이라 전량 밑거름으로 준다. 농업기술센터에서 얻어온 아미노산과 자가제조한 키토산 액비를 두 차례 뿌려준 적이 있는데, 액비 효과가 좋은지 엄청나게 크고 많은 브로콜리를 수확할 수 있었다. 브로콜리는 pH6.0~6.5의 약산성 토양을 좋아하므로 석회고토를 거의 주지 않고 심는다.

3) 재식 거리

브로콜리를 밭이랑에 두 줄로 심었는데 재식 거리는 줄 간격 45cm, 포기 간격 35cm이다. 밭에 비닐을 씌우고 브로콜리를 심으면 풀 걱정을 하지 않아도 된다.

4) 병충해

브로콜리는 병충해 피해가 있다. 그래서 날씨가 서늘할 때 심고 더워지기 전에 수확하고 끝내는 게 좋다. 예전에 벌레가 브로콜리를 다 먹어치웠던 악몽이 기억나서 브로콜리 몽우리가 맺히기 시작할 무렵에 1회 방제(살충제)를 해주었다. 딱 한 번 방제를 해주었을 뿐인데 그해는 엄청나게 풍성한(벌레도 먹지 않은) 브로콜리를 수확할 수 있었다.

5) 재배 후기

바쁘게 과수원에서 시간을 보내던 어느 날, 텃밭을 지나가다 뭔가 큼직한 것을 발견했다. 바로 봄에 심은 브로콜리였다.

보통 마트에서 사오는 브로콜리는 직경이 10cm 내외의 아담한 크기인데, 우리 집에서 수확한 브로콜리는 제일 큰 것은 직경이 20cm가 넘었다(부피로 따지자면 8배는 먹을 게 많다는 말이다). 벌레 먹은 것도 하나도 없었고. 와! 저절로 감탄사가 나왔다. 별로 기대를 하지 않았기에 더욱 감격스러웠는지도 모르겠다. 브로콜리는 꽃봉오리를 먹는 채소라 꽃이 피면 꽝이라고 하므로 6월 6일 급하게 수확을 했다.

브로콜리가 이렇게 재배가 쉬운 작물이었나! 겨우 14포기 심어서 엄청나게 수확을 했으니 말이다. 아직 크기가 작은 브로콜리 몇 포개는 더 크라고(나중에 더 키워먹을 욕심에) 수확하지 않고 남겨 놓았다. 나중에 보니 남겨 놓은 작은 브로콜리도 먹기에 충분할 정도로 제법 커졌다.

저녁 식사 때 브로콜리를 데쳐서 먹었는데 줄기까지도 연한 게 맛이 있었다. 내가 왜 진작 브로콜리를 심지 않았는지 후회가 될 정도였다. 아무래도 브로콜리는 앞으로 우리 집 주요 재배작물이 될 것 같다.

봄에 심은 브로콜리가 대박이 난 이후로 자신감이 생겼다. 그래서 8월 초순 무더위 속에서 모종을 만들었고, 8월 말에는 브로콜리 40포기를 텃밭에 심었다. 봄에 14포기 심어 커다란 바구니 두 개 가득 수확을 했으니 올가을에는 적어도 5바구니는 수확할 수 있겠지. 양이 엄청날 테니 다 먹지는 못할 테고 이번에는 누구에게 나누어줄까?

브로콜리는 처음에는 내 기대를 저버리지 않는 것처럼 보였다. 비가 자주 왔어도 꿋꿋이 뿌리를 내리고 자랐다. 김장 배추가 그러하듯이 추위에 강한 작물들은 봄보다는 가을 재배에 더 풍성한 법이다. 8월 말~9월 초순의 더위만 버텨낼 수 있다면 그 이후로는 병충해 피해도 확연히 줄어든다.

갑자기 가을 추위가 온다고 한다. 아직 10월 중순인데 추워봤자 얼마나 춥겠어? 더구나 브로콜리는 추위에 강한 작물이라고 하던데. 그래서 별로 걱정도 하지 않았는데 불과 2~3일 만에 브로콜리 밭이 초토화되었다.

허옇게 변한 브로콜리 잎을 비집고 속을 들여다보니 조그맣게 결구가 생기고 있었다. 이럴 줄 알았더라면 비닐이라도 씌워주었을 텐데… 이미 되돌리기에는 늦어버렸고, 혹시 파란 잎이 조금은 남아 있으니 브로콜리가 좀 더 커주지 않을까 기대를 해봤다. 하지만 시간이 지나도 변화가 없고, 오히려 썩어가는 징후가 보였다.

수확한 브로콜리를 갖다 바쳤더니 아내가 질문을 했다.

"남은 브로콜리는 언제 수확하려고?"

"남은 거? 이게 전부인데…"

기가 막힌 듯 쳐다보던 아내가 사태를 파악하고는 한참 동안을 낄낄거렸다. 브로콜리 40포기 심어 수확한 양이 예전의 한 포기만도 못한 것 같다. 기상이변이란 것이 어제오늘 얘기도 아니고, 농사짓기가 점점 어려워지는 것 같다. 하필이면 64년만이라는 때 이른 가을 추위가 닥칠게 뭐람!

브로콜리는 추위에 강한 작물이라고는 하지만, 64년만의 때 이른 강추위에는 견디지 못하나 보다. 브로콜리 밭에 비닐만 덮어 주었어도 성공하는 건데… 아쉽다!

09
비트

비트는 봄~가을로 심을 수 있는 추위에 강한 작물이다. 봄 재배는 4월 말에 모종을 심어 6월 말 이후에 수확을 하고, 가을 재배는 8월 말에 모종을 심어 11월 초순에 수확을 한다. 비트는 모종을 만들어 심는 것이 발아율도 높고 효율적이다. 모종을 심을 때는 포기 간격 20×20cm로 심으면 된다. 비트는 거름을 그렇게 많이 주지 않아도 되고, 병충해 피해도 거의 없다. 비트는 약산성 토양(pH6.0~7.0)에서 잘 자란다.

지인 한 분이 놀러 오셨다가 비닐하우스 안에서 자라고 있는 농작물을 보고 "치커리를 많이도 심었네. 식구들이 쌈을 좋아하나 봐!"라고 말씀하셨다.

"치커리가 아니라 비트인데요."

무안해하시는 모습을 보고 한마디 거들었다.

"모종이 작을 때는 누구나 치커리와 비트를 구분하기 힘들대요."

내가 봐도 어렸을 때는 비트나 치커리나 둘 다 엇비슷해 보인다. 줄기도 같은 적색이므로 구분하기가 어렵다. 나중에 모종이 좀 커지면 비트 잎이 확연히 커지니 그때야 제대로 구분할 수 있다.

큰 비트는 직경이 10cm나 된다(좌). 비트는 맛도 좋지만 가격도 비싸다

1) 심는 시기

비트는 봄 재배, 여름 재배, 가을 재배로 나누는데, 여름 재배는 주로 고랭지에서 재배하는 방법이므로 일단 제외다. 비트는 직파를 하면 발아율이 낮아지므로 모종을 만들어 심는 것이 좋다. 대부분 무 종류는 옮겨 심으면 뿌리가 갈라지고 죽기도 하는데 비트는 예외인 것 같다. 비트는 더운 것보다는 13~18℃의 서늘한 기후를 좋아한다.

봄 재배의 경우, 모종은 3월 중순경에 만든다. 모종을 키우는 데 45일 정도가 소요되므로 비트 모종을 4월 말경에 밭에 정식하게 된다. 비트는 웬만한 추위에는 잘 버텨 늦서리에도 꿋꿋이 살아남는다. 3월 초순에 모종을 만들어 심은 적도 있는데 그때도 비트는 죽지 않고 살아남았을 정도다. 다만 비닐하우스가 없으면 3월 초순에 모종을 만들기가 좀 어렵다.

가을 재배용으로 비트 모종을 8월 초순에 만들어 봤는데, 더운 날씨 탓인지 모종이 실같이 가늘게 자랐다. 아무래도 일반 가정에서는 비트가 잘 자라는 서늘한 온도를 맞추기가 힘든 것 같다. 모종을 만들고 한 달쯤 지나 아직 크기도 작은 비트를 밭에 정식해야 했다. 그 때도 비트를 수확할 수는 있었는데 봄 재배만큼 비트가 크지도 않았고, 수확량이 많지 않았다. 가을 재배를 위해서는 비트 모종을 집에서는 만들기가 어려우므로, 전문가가 키워놓은 모종을 구입해 심는 것이 낫다.

2) 모종 만들기

대부분의 씨앗은 물에 담갔다가 심으면 발아율이 높아지는데, 비트는 하루 정도 물에 담갔다가 심으라고 한다. 하루 동안이나 물에 담그라는 말은 발아율이 별로 좋지 않다는 뜻이다.

첫 해에 모종을 88개를 만들었는데(집에 있던 잘린 포트가 88구였다), 발아율이 거의 99%였다. 각 구마다 씨앗을 1개씩 넣었는데 신기하게도 모종이 2개씩 올라왔다. 그런데 그것이 정상이라고 한다. 전문가들은 한 개씩만 남겨놓고 나머지를 뽑아내어 다른 포트에 이식한다고도 하는데, 나는 그냥 가위로 모종을 한 개씩만 남겨놓고 잘라주었다.

비트 씨앗은 재배기간에 따라 여러 종류가 있다. 우리가 흔히 볼 수 있는 뿌리가 둥근 계통이 조생종과 중생종이고, 뿌리가 긴 것은 만생종이라고 한다.

시중에서 쉽게 구할 수 있는 비트의 이름은 '디트로이트 다크레드'이다. 이것은 보통 8월 말에 심어 늦가을에 수확하는 중생종으로 (65~70일 만에 수확), 텃밭 재배용으로 흔히 사용하는 품종이다.

전문농가에서 재배하는 예쁘고 맛있는 품종으로 '메를린'이나 '아틀란'이 있는데, 재배기간이 100일 정도인 만생종이라고 한다. 그런데 이들 씨앗은 소량으로 포장해서는 팔지 않는 것 같다. 전문가용 품종은 종자를 기본 5천 개 단위로 포장해서 판매하니 텃밭 재배로는 양이 너무 많아 구입할 수가 없다.

2) 밭 만들기

비트는 특별히 거름을 많이 필요로 하는 작물이 아니므로, 무 밭을 만들 때처럼 퇴비만 주고 심는다. 토양 산도는 pH6.0~7.0을 좋아하므로 밭을 만들 때 석회고토를 조금 뿌려주는 것이 좋다. 붕소 결핍 현상도 발생하므로 미리 붕소도 뿌려줘야 한다. 돌려짓기에 대해서 특별한 제한은 없고, 단지 시금치 심었던 밭에 바로 비트를 심으면 안 된다.

3) 재식 거리

직파를 할 경우에 줄 간격 30cm, 포기 간격 2.5cm로 줄뿌림을 하고 싹이 자라면 20cm 간격으로 솎아준다. 그런데 이렇게 심으려면 씨앗 값이 제법 들어간다. 씨앗 한 봉지에 200개가 들어 있는데 줄뿌림을 하자면 씨앗 몇 봉지는 있어야 한다. 더구나 싹이 트면 어렵게 튼 싹을 아깝게 솎아내야 한다.

그래서 나는 모종을 만들어 심는다. 비트 모종은 20×20cm 포기 간격으로 심으면 된다. 더 넓게 심으라는 분도 있는데 20×20cm로도 충분한 것 같다. 비트 밭을 만들 때, 땅은 20cm 정도로 갈아줘야 뿌리가 깊게 뻗을 수 있다고 한다. 하지만 나중에 비트를 뽑아보면 뿌리랄 것도 없을 정도로 짤막하니 과연 맞는 말씀인지는 잘 모르겠다.

4) 병충해

비트는 병충해 피해가 거의 없다.

10
대파, 쪽파

대파는 봄가을로 재배할 수 있으며 씨앗으로 번식을 한다. 대파는 추위에 강한 작물로 모종은 4월 중순에 심는다. 가을 재배인 경우는 8월 말에 심으면 된다. 재식 거리는 줄 간격 30cm, 포기 간격 15cm로 심는다. 대파는 병충해 피해가 크다. 겨울을 보낸 대파는 봄에 다시 싹이 나오는데, 5월 말경이면 꽃이 피고 씨앗이 맺힌다.

반면, 쪽파는 8월 중순 이후에 한 번 심을 수 있고, 씨앗이 아닌 종구로 번식을 한다. 겨울에 죽은 듯이 보였던 쪽파는 이른 봄에 다시 싹이 나온다. 쪽파는 6월 중순경 종구를 수확하고, 그늘에 말렸다가 가을에 다시 종구로 사용한다. 쪽파는 가을 재배인 만큼 병 피해도 없다.

대파(좌)와 쪽파(우)

파에는 크게 '대파'와 '쪽파'가 있다. 양파? 양파는 좀 다르게 생겼으니 별도로 설명해야 할 것 같다. 나는 처음에 쪽파가 크면 대파가 되는 줄 알았다. 꼭 웃을 일만은 아니다. 나 같은 분들도 분명히 계시다.

대파는 봄과 가을에 심어 일 년 내내 필요할 때마다 뽑아 먹을 수 있는 작물로, 텃밭 있는 집이라면 누구나 심는 흔한 작물이다. 그렇게 가을까지 실컷 먹고도, 심지어는 집안에 들여놓고는 겨우내 먹기도 한다. 반면에 쪽파는 8월 말에 종구를 심어 가을에 파김치를 담그거나 김장용으로 많이 사용한다. 이른 봄에 싹이 튼 쪽파는 나물처럼 무쳐서 먹어도 맛있다.

A. 대파 재배법

1) 심는 시기

대파는 봄가을 두 차례 심을 수 있다. 4월 중순에 대파 모종을 심으면 7월에 수확할 수 있고, 8월 말에 다시 대파 모종을 심으면 이듬해 6월 꽃대가 올라올 때까지 수확할 수 있다. 물론 봄에 심은 대파를 겨울까지 남겨두고 먹어도 되는데, 대파가 너무 굵고 질겨지므로 우리 집에서는 그다지 선호하지 않는다. 대파는 추위에 매우 강한 작물로, 조금만 보온을 해줘도(집안에 들여놓기만 해도) 겨우내 대파를 먹을 수 있다.

대파는 채종한 씨앗으로 모종을 만들어도 되지만, 편하게 모종을 구입해 심는 것이 좋다. 모종을 만들려면 3월 상순에 모판을 만들고, 40~50일은 키워야 밭에 정식할 수 있는 크기로 자란다. 대파 씨앗 채종 시기는 5월 말~6월 초순이다.

자급용 텃밭 재배의 경우에는 대파 모종이 많이 필요하지 않다. 우리 집은 해마다 몇 천 원 주고 대파 모종 반 판(약 100구)을 사서 심는데, 그 정도면 일 년 내내 우리 식구 먹고, 주위에 나누어줄 수도 있는 양이다.

2) 밭 만들기

대파는 좋아하는 산도가 pH6.0~6.5이므로 대파 밭을 만들 때에는 석회고토를 뿌려 약산성 토양으로 만들어준다. 거름도 아주 많이 줘야 한다. 그래서 밭을 만들 때에는 퇴비뿐만 아니라 복합비료도 섞어서 뿌려준다. 밭에 정식한 이후로도 한 달에 1회는 웃거름을 줘야 한다. 웃거름으로는 NK비료를 준다.

3) 대파 심는 법

대파는 4월 중순경에 모종을 밭에 심는다. 대파는 추위에 강한 작물이므로 늦서리가 오더라도 큰 피해를 입지 않는다. 구입한 모종을 심을 때에는 트레이의 한 구마다 가느다란 실파가 2~3포기씩 심겨 있으므로 그대로 밭에 옮겨 심으면 된다.

집에서 씨앗을 파종해 모종을 만든 적도 있었는데, 파가 워낙 가늘어서 세워 심기 어려울 정도였다. 이럴 때에는 굳이 실파를 세우려 하지 말고, 골을 판 다음 한 쪽 면에 실파를 비스듬히 기대어 놓고 흙을 덮어주면 된다. 그러면 며칠 후에는 파가 뿌리를 내리고 저절로 똑바로 선다.

대파는 파의 흰색 부위가 길수록 상품성이 높다. 그래서 대파를 심을 때는 고랑 아래에 깊게 심는데, 대파의 흙에 묻힌 부위가 흰색으로 변한다. 파의 성장에 따라 북주기를 하면(흙을 덮어주면) 점점 흰색 부위가 더 길어진다. 주의할 점은 고랑 아래에 파를 심는 것이므로 땅의 물 빠짐이 좋아야 한다.

　대파를 가을에 수확을 하지 않고 내버려두면 겨울에 얼어 죽은 것처럼 보인다. 그러나 봄이 되면 뿌리가 살아 있어 새싹이 나오는데, 5월 말경이면 꽃이 피고 씨앗을 맺는다.

대파는 모종을 심고(좌) 쪽파는 종구를 심는다(우)

4) 재식 거리

　대파는 줄 간격 30cm, 포기 간격 15cm로 심는데 더 넓게 40×15cm로 심는 분도 봤다. 물론 골 간격이 넓으면 파가 더 크게 자란다. 다만 판매용이 아닌 자급용인 경우는 30×15cm로도 충분해 보인다. 대파는 비닐을 씌우지 않고 심기 때문에 이따금 풀을 제거하면서 북주기를 동시에 해주면 된다.

5) 병충해

　파를 키우다 보면 어느 날 갑자기 멀쩡하던 파가 한꺼번에 쓰러져 있는 것을 발견하게 되는데, 이는 고자리파리 피해인 경우가 많다. 기껏 뿌리를 내리고 잘 자라고 있었는데 갑자기 한 구역이 몽땅 쓰러져 버리면 황당할 정도다. 그래서 파를 심을 때에는 안전하게 땅에 살충제를 뿌려주고 심어야 한다. 나도 몇 번 당한 이후로는 해마다 대파를 심을 자리에만큼은 꼭 토양살충제를 뿌리고 심는다.

대파는 병충해의 피해가 큰 작물이다. 상품성 있는 대파를 만들기 위해서는 방제를 아주 많이 해야 한다. 겉으로 보기에는 잘 안 보여도 대파에는 온갖 벌레들과 균들이 살고 있다고 보면 된다. 텃밭에서 자급용 대파를 재배할 경우에도 몇 차례 방제를 해줘야 한다.

참조 밭에 토양살충제를 뿌리고 파를 심으라고 해서 시키는 대로 했다. 살충제 봉투에 씌어 있는 적량을 밭에 뿌리고, 살충제가 골고루 섞이도록 밭을 깊게 갈아준 다음 대파 모종을 심었다. 그런데 얼마 후 대파 밭은 폭탄을 맞은 것처럼 고자리파리에 초토화되었다. 이유는 토양살충제 살포법이 잘못되었기 때문이다. 토양살충제는 밭을 먼저 깊게 갈아주고 평평하게 만든 다음, 흙 표면에 뿌려주고 갈퀴로 겉흙을 살짝 섞어주면 된다. 그리고 모종을 심으면 된다. 그러면 살충제는 서서히 녹아 땅속으로 스며들게 된다. 다만 수분이 부족한 비닐하우스에는 토양살충제를 뿌린 후 물을 살포하라고 한다. 만약 처음 방법대로 하려면 토양살충제를 몇 배는 더 뿌려줘야 한다.

B. 쪽파 재배법

1) 쪽파 심는 시기

쪽파는 대개 김장 배추를 심는 8월 말경에 같이 심으면 된다. 김장 때 수확하고 남는 쪽파는 내버려두었다가 이듬해 봄부터 다시 수확할 수 있다.

2) 밭 만들기

쪽파 밭 만드는 방법은 대파와 동일하다.

3) 재식 거리

쪽파는 줄 간격 20cm, 포기 간격 15cm로 대파보다는 가깝게 심는다. 쪽파는 대파처럼 크게 자라지 않는다.

4) 쪽파 심는 법

쪽파는 대파처럼 씨앗으로 번식하는 것이 아니라 종구로 번식을 한다. 쪽파를 심을 때는 쪽파 종구를 쪼개어 한 쪽씩 심는 것이 아니고, 2~3쪽을 한 덩어리로 뭉쳐 심는 것이 뿌리내림에 좋다고 한다. 나중에 보면 2~3개의 종구들이 분화해 20여 개로 늘어난다.

5) 병충해

쪽파는 가을에 심기 때문에 병충해 걱정은 하지 않아도 된다. 쪽파는 대파와는 다르게 재배하기가 아주 쉬운 작물이다.

6) 쪽파 키우기

가을에 수확하고 남은 쪽파를 내버려두면 겨울에 죽은 듯싶다가도 이른 봄이 되면 싹이 다시 나온다. 5월 중순이 되면 꽃대가 올라오고 꽃을 피운다.

쪽파 꽃대는 바로 잘라주는 것이 좋다. 대파는 꽃대에서 씨앗을 받아 종자용으로 사용할 수 있지만, 쪽파는 씨앗으로는 번식하지 못한다. 어차피 쓸모도 없는 씨앗이니 꽃 피우느라 양분을 소비하지 않도록 바로 잘라버리는 게 좋다.

쪽파 잎을 잘라먹고, 뿌리 부분은 남겨두었다가 종구로 써도 될까? 절대로 안 될 말이다. 쪽파는 시간이 지나면 잎이 시들면서 말라버리는데, 그동안 만든 양분을 뿌리로 보내 종구를 굵고 튼튼하게 만든다고 한다. 그러니 쪽파 잎을 잘라먹으면 나중에 종구가 부실해진다.

6월경이면 쪽파 잎이 시들어지는데, 이때 쪽파를 캐내면 가을에 다시 쪽파 종구로 사용할 수 있다. 수확한 쪽파들은 그늘에서 2~3일 말린 후, 양파 자루에 담아 바람이 잘 통하는 곳에 걸어두면 된다.

대파/쪽파 재배 비법

초기에 우리 집에서 키우는 파는(대파든 쪽파든) 키가 다른 집들보다 유난히 작았는데, 그 이유는 비료를 거의 주지 않았기 때문이었다. 파에 그렇게 거름을 많이 줘야 하는지 몰랐다. 파는 연약해보이지만 보기와는 달리 거름을 많이 필요로 한다. 거름기가 조금 작다 싶으면 아예 자라지도 못한다.

파를 재배하는 토박이 전문가에게 어떻게 해야 파를 크게 키울 수 있는지 물어봤다. 그의 비법에 의하면 "그냥 왔다 갔다 하면서 생각날 때마다 비료를 한 움큼씩 쥐어다 훌훌 뿌려주면 돼요"라고 한다. 잘 아셨죠?

참조 지인 한 분은 4월 중순에 심은 대파를 일찌감치 6월에 수확하신다. 남들처럼 7월까지 기다리면 병충해가 심해 농약을 뿌려야 하는데, 자급용 재배이니 방제를 하지 않고 최대로 버티다가 한 번에 수확을 하고 끝내신다. 일찍 수확을 하면 대파가 조금 작기는 한데 농약 걱정을 하지 않아도 되고, 파도 연하다. 일찍 수확한 대파는 썰어 냉동고에 보관했다가 필요할 때마다 꺼내 먹으면 되고.

11
열무

열무는 봄가을에 김치 재료로 많이 사용하며, 선선한 날씨를 좋아한다. 열무는 4월 초순부터 5월 말까지 심을 수 있는데, 가능하면 빨리 심고 수확해야 병충해 피해를 줄일 수 있다. 열무는 씨앗을 뿌리고 한 달 반만 지나면 수확을 할 수 있다. 열무 밭은 평이랑으로 만들며, 줄 간격 30cm로 줄뿌림을 한다. 나중에 열무가 커지면 10cm 간격으로 솎아주면 된다. 열무는 약산성 토양(pH5.5~6.8)을 좋아하며 퇴비만 주고 심어도 된다.

열무씨앗이 발아된 모습(좌)과 수확 시기가 된 열무(우)

5월 말~6월 초순이 되면 김장김치도 시어지고 신선한 채소가 먹고 싶어진다. 이때 빨리 재배해 먹을 수 있는 채소가 있으니 바로 열무다. 열무는 씨앗을 파종하고 한 달 반만 지나면 수확할 수 있다. 다만 기온이 좀 올라간다 싶으면 벼룩잎벌레가 극성을 부려 잎에 무수히 많은 작은 구멍이 뚫어지는 게 문제다(벌레 먹은 흔적이 너무 많으면 먹고 싶은 마음도 없어지기 마련이니까).

따라서 피해를 줄이려면 밭을 만들 때 미리 토양살충제를 뿌려주거나, 터널을 만들어 한랭사를 덮어줘야 한다. 더 좋은 방법은 일찍 심어 빨리 수확하는 것이고. 우리 집에서는 4월 초순이면 씨앗을 뿌리고, 5월 중순이면 수확을 하고 끝낸다.

1) 심는 시기

열무는 4월 초순부터 5월 말까지 심을 수 있는데, 6월이면 벌써 꽃대가 올라온다. 우리 집에서는 늦어도 4월 초순이면 심는데, 심지어는 3월 말에 심은 적도 있다. 열무는 가을 재배도 가능한데 8월 말~9월 중순에 심는다. 이때는 벌레가 하도 극성을 부리므로 우리 집에서는 가을 재배를 하지 않는다. 일단 열무 잎이 커지면 벼룩잎벌레의 피해는 줄어든다.

2) 밭 만들기

열무 밭은 평이랑으로 넓게 만든다. 열무는 습기를 좋아하지 않으므로 물 빠짐이 좋아야 한다. 재배기간이 한 달 반 정도로 짧으므로 밑거름만 준다. 밑거름으로는 퇴비만 줘도 된다. 열무는 pH5.5~6.8의 약산성 토양을 좋아한다.

3) 재식 거리

열무는 줄뿌림을 하는데, 줄 간격은 20~30cm 정도면 충분하다. 열무가 자라면 10cm 폭으로 솎아준다. 줄뿌림을 하므로 비닐을 씌우지 않고 심는데, 이른 봄에는 풀 걱정을 하지 않아도 되지만 생육 후기에는 풀을 뽑아줘야 한다.

12
땅콩

땅콩은 물 빠짐이 좋은 사질 토양에서 잘 자라며, 약산성 토양(pH5.5~6.6)을 좋아한다. 땅콩은 직파를 해도 되지만 새 피해가 많은 지역은 모종을 만들어 심는 게 낫다. 줄 간격 40cm, 포기 간격 20cm로 심고, 거름은 퇴비만 줘도 된다. 땅콩은 뿌리에 땅콩이 달리는 것이 아니고, 꽃이 진 후에 씨방줄기가 아래로 내려가 꼬투리를 만든다. 비닐이 덮여 있으면 씨방줄기가 뚫지 못하므로 비닐을 걷어주거나 얇은 비닐을 사용해야 한다. 연작 피해를 줄이려면 2년간 돌려짓기를 해야 한다.

땅콩은 꽃이 진 후 씨방줄기가 땅속으로 들어가 꼬투리를 만든다

일 년 내내 우리 식구가 좋아하고 즐겨먹는 견과류가 있으니 바로 땅콩이다. 그래서 우리 집은 농사를 시작한 이후 한 해도 거르지 않고 땅콩을 심어왔다. 땅콩은 휴작을 해야 하는 밭에 심으면 좋다.

땅콩은 물 빠짐이 좋은 사질 토양에서 잘 된다고 하는데, 물 빠짐이 좋은 우리 집 화단에서도 잘 자란다. 해마다 10m 길이의 이랑 두 곳에 땅콩을 심으면 노란 플라스틱 사과상자로 1.5~2박스 정도는 수확할 수 있다.

특히 땅콩을 밭에 직파할 때 한 가지 명심해야 할 사항이 있는데, 땅콩은 흙이 살짝 덮일 정도로 아주 얕게 심어야 한다. 예전에 직파를 했는데 발아율이 저조했다는 나의 말에 전문가가 비법을 말해주었다.

"땅콩은 아주 얕게 심어야 해요. 조금만 깊게 심어도 싹이 나오지 못하고 썩어버리거든요!"

1) 심는 시기

땅콩은 직파를 해도 되지만, 쥐나 새의 피해가 크므로 모종을 만들어 심는 것이 좋다. 땅콩 심은 것을 알기만 하면 쥐나 새가 그냥 내버려두지를 않는다. 나도 몇 번 당하고서는 지금은 무조건 모종을 만들어 심는다.

모종은 보통 꼬투리를 벗겨낸 다음, 포트 한 구에 한 알씩만 넣고 만든다. 큰 36구 포트라면 한 구에 두 알씩 넣어도 된다. 또 모판에 모종을 만들 때는 발아가 되지 않는 씨앗도 있으므로 여분의 모종도 만들어두는 것이 좋다.

땅콩 모종은 3월 말에 만드는데, 모판에서 모종을 키우는 데는 30~40일 정도가 소요된다. 만들어진 모종은 늦서리를 피해 5월 초순에 밭에 정식하면 된다. 땅콩 모종을 밭에 심을 때는 한 구에 모종 한 개씩만 심는 것이 아니라 모종 두 개를 뭉쳐서 함께 심는다. 밭에 땅콩을 직파할 경우에는 4월 중순경에 한 구에 씨앗을 2~3개씩 심으면 된다. 나중에 싹이 3개 모두 나오면 2개만 남겨두고 한 개는 뽑아버린다.

2) 밭 만들기

땅콩은 거름을 많이 요구하는 작물이 아니므로 퇴비만 주고 심어도 된다. 나는 땅콩 밭 한 이랑(2.4평)에 퇴비를 1포대 정도 뿌려준다. 땅콩은 웃거름을 주지 않아도 되지만, 꽃을 피우고 꼬투리가 달리는 시기에 인산을 주면 소출이 증가한다.

그 외에도 땅콩은 칼슘도 주는데, 칼슘은 땅콩의 빈 꼬투리 방지에 효과가 있다고 한다(지역 농업기술센터에서 인산칼슘을 얻어다 뿌려주면 된다. 또는 직접 집에서 만들어도 된다).

한 가지 주의해야 할 점은 가리와 칼슘은 서로 길항작용이 있어 혼용하면 안 되고, 일주일 이상 간격을 두고 뿌려줘야 한다. 땅콩은 pH5.5~6.6 정도의 약산성 토양을 좋아하므로 밭을 만들 때 석회고토를 조금 뿌려주는 게 좋다. 석회고토는 칼슘 성분을 공급해주는 역할도 한다.

전문농가에서는 땅콩 비료를 사용하는데, 땅콩 비료의 성분은 N-P-K 비율이 4-8-11로 질소는 아주 조금 들어 있다.

굼벵이와 개미의 피해가 심한 곳에서는 필히 토양 살충제를 뿌리고 심는 것이 좋다. 수확할 때 땅콩 꼬투리에 굼벵이가 파먹은 흔적을 많이 볼 수 있는데, 땅콩은 이미 사라졌고 빈 꼬투리만 남아 있다.

3) 재식 거리

재식 거리는 한 이랑에 줄 간격 40cm 포기 간격 20cm로 심는다. 소출을 늘여보겠다고 좀 더 촘촘히 25×25cm, 30×25cm 간격으로도 심어봤는데 수확량은 40×20cm로 심었을 때가 제일 많았다. 지금은 줄곧 40×20cm 간격으로만 심는다(땅콩은 많이 심는다고 많이 수확하는 것이 아닌가 보다).

4) 비닐 벗겨주기

땅콩을 심을 때 비닐을 씌우면 지온이 높아져 수확량이 늘어난다. 5월의 날씨는 제법 쌀쌀해서 비닐을 씌어줘야 유효 생육기간이 늘어난다. 소출이 늘어난다고 하니 나는 당연히 비닐을 씌우고 땅콩 모종을 심는다. 그 이유 말고도 풀 뽑느라 밭을 기어 다니지 않으려면 비닐을 씌워야 한다.

요즘은 땅콩 비닐이라고 가운데 부분만 흰색인 비닐을 팔기도 한다. 하지만 그 비닐은 우리 집 텃밭 규격과 맞지도 않고(우리 집은 폭이 85cm인 이랑에 땅콩을 두 줄로 심는다) 작은 텃밭에 비닐을 새로 사기도 뭐해서, 그냥 쓰고 남은 검은색 비닐을 사용하고 있다. 혹시 땅콩 씨앗을 직접 심은 경우는 새싹이 검은 비닐 밖으로 나오지 못하는 경우도 있으므로 수시로 확인해 비닐 밖으로 새싹을 꺼내줘야 한다(싹이 밖으로 못 나오면 죽는다).

이렇게 씌운 검은 비닐은 꽃이 피면 걷어내야 한다. 땅콩은 뿌리에 땅콩이 달리는 것이 아니고, 꽃이 지고 나면 씨방줄기가 아래로 내려가 땅속으로 들어가서 꼬투리를 만든다. 문제는 씨방줄기가 비닐을 뚫지 못해 땅속으로 들어가지 못하면 꼬투리가 달리지 않는다는 데 있다.

땅콩 밭에 비닐을 그대로 두려면 두께가 0.02mm 이하인 투명 비닐이나 0.01mm 이하인 검은 비닐을 사용해야 한다. 물론 땅콩 전용 비닐은 그대로 두어도 알아서 뚫고 들어간다. 이때쯤이면 땅콩도 키가 제법 커지므로 웬만한 풀은 이겨낸다. 그래도 이따금 풀들이 보이면 곧바로 뽑아줘야 한다. 풀이 있는 곳에는 땅콩 꼬투리가 거의 열리지 않는다.

땅콩에 수분이 많이 필요한 시기는 꼬투리가 땅속에 들어간 후 약 4주간이다.

5) 수확하기

땅콩의 적정 수확 시기는 잎이 변색이 되는 9월 15일경으로, 수확 시기를 놓치면 땅콩에서 새싹이 돋아나게 되고 수확도 어려워진다. 땅콩을 수확할 때는 쇠 포크로 땅을 들썩여놓고 줄기를 잡아당기면 줄줄이 땅콩이 매달려나온다. 수확 시기를 놓치면 땅콩이 떨어져 일일이 땅을 다시 파헤쳐 땅콩을 골라내야 한다.

수확한 땅콩은 그늘에서 며칠간 말린 후 꼬투리를 따서 보관한다. 흙이 꼬투리에 많이 묻어 있으면 먼저 꼬투리를 따낸 다음 물에 씻어 말려도 된다.

13
토란

토란은 습하고 비옥한 땅을 좋아한다. 토란은 모종을 심어도 되지만 종구를 심어도 잘 자란다. 다만 토란 종구를 밭에 직파하면 한 달 반 정도 지나야 싹이 나온다. 토란 모종은 추위에 약하므로 냉해 피해가 없는 5월 초순에 심으면 된다. 토란은 키가 1m 이상 자라므로 포기 간격 50cm로 넓게 심는다. 10월 중순이 수확 시기이며, 연작 피해를 줄이려면 3년간 돌려짓기를 해야 한다. 토란은 토양의 산도에 그다지 까다롭지 않고, 약산성 토양(pH5.0~6.5)에서 잘 자란다.

토란대에 달린 알토란(좌). 토란잎은 예전에 우산으로 사용했다고 한다(우)

봄에 해마다 연례행사처럼 심어오던 토란 종구를 구하기 위해 장에 가보았지만, 토란이 보이지 않았다. 올해 토란 먹기는 틀렸나 보다! 포기하고 다른 모종들이나 사려고 모종 가게에 들렀다. 그런데 좌판 한 구석에 토란 모종 몇 포기가 보였다.

"어? 토란도 모종을 파네!"

그런데 찾는 사람이 아무도 없는지, 토란 모종은 한 쪽 구석에 처박혀 영 푸대접을 받고 있었다.

토란 모종을 파는 줄 진작 알았더라면 그동안 굳이 씨 토란을 찾아다닐 이유도 없었다. 토란은 발아하는데 한 달 반은 족히 걸리므로 토란 싹이 트기를 목 빠지게 기다리곤 했었다. 그런데 토란 모종이라니 갑자기 횡재한 기분마저 들었다.

1) 심는 시기

토란은 추위에 약한 작물이므로 모종은 냉해 피해가 없는 5월 초순이 되어 심는 것이 안전하다. 그런데 토란 모종을 만드는데 한 달 반이나 걸리니, 역으로 계산하면 3월 중순쯤에는 비닐하우스 안에서 모종을 만들어야 한다. 일을 쉽게 하려고 3월 중순에 밭에 직접 토란 종구를 심어도 봤는데 별 도움이 되지 않았다. 토란은 일찍 심어봤자 지온이 충분히 높지 않으면 발아조차 되지 않는다.

토란 종구를 밭에 직접 심으려면 지온이 올라가는 4월 중순에 종구를 심어야 한다. 다만 이 경우 6월이 되어야 싹이 나오니 생육기간이 짧아지는 단점은 있다. 그래서 토란은 모종을 만들거나 구입해서 심는 것이 좋다.

토란은 모종을 3~4포기만 심어도 한 가족이 먹을 정도의 양을 수확할 수 있다. 토란은 수확 후 장기간 보관하기도 힘드니 그 정도면 충분해 보인다.

2) 밭 만들기

토란은 햇빛이 잘 드는 곳이면 토양 산도와는 상관없이 잘 자란다(적정 pH는 5.0~6.5이다). 단 키가 1m 이상 자라고 잎도 넓어 그늘이 지므로, 밭 한 쪽 구석에 심어야 다른 식물에 영향을 주지 않는다. 또 워낙 무성하게 자라니 초기에만 풀을 잡아주면 나중에는 풀에 신경을 쓰지 않아도 된다.

웃거름으로 1개월에 한 번씩 NK비료를 주는데 8월 상순을 마지막으로 준다(우리 집은 비료 대신 액비를 준다). 특히 토란은 가리비료의 요구량이 크며, 지지대를 설치하지 않아도 쓰러지지 않고 잘 버틴다. 연작 피해를 줄이려면 3년간 돌려짓기를 해야 한다.

3) 재식 거리

나는 토란 모종도 비닐을 씌우고 심는데, 1m가 넘는 이랑 폭에 한 줄로 심되 포기 간격 50cm로 널찍하게 심는다. 토란은 초기에만 풀을 잡아주면 나중에는 풀 걱정을 하지 않아도 된다. 그래서 처음에는 비닐을 씌워 모종이 잘 자라도록 지온을 높여주지만 토란잎이 무성해지면 곧바로 비닐을 벗겨낸다. 비닐을 벗겨주는 이유는 비닐이 있으면 비가 오더라도 빗물이 땅속에 스며들지 못하기 때문이다. 토란은 물을 많이 줘야 한다.

4) 토란 수확하기

토란은 서리가 오기 전에 수확하는데 보통 10월 중순경에 수확을 한다. 토란은 덩치는 커 보여도 쇠 포크로 흙을 들썩여놓고 손으로 잡아 뽑으면 쉽게 뽑힌다. 토란은 뿌리가 그렇게 깊이 내리지는 않는다. 그리고 토란대 끝부분에 매달려 있는 토란을 떼어내기만 하면 된다. 다만 토란을 만질 때에는(특히 토란 껍질을 벗길 때는) 꼭 장갑을 끼고 만져야 한다. 맨손으로 만지면 나중에 가려움으로 고생할 수 있다.

토란은 물기만 좀 마르면 바로 박스에 담아 햇빛이 들지 않는 시원한 곳에 두고, 토란대는 말려 두었다가 육개장 끓여먹을 때 넣으면 된다. 토란 세 포기를 심으면 토란 8~9kg 정도는 수확할 수 있다.

토란은 그늘에서 10일 정도 말린 후 5~8℃로 저장을 해야 오래 보관할 수 있다. 씨 토란으로 사용할 종자를 보관하는 방법은 자루에 넣어 땅속에 묻어 보관하면 된다고 한다. 나는 종자 보관이 어려워 토란을 몇 포기만 심고, 수확한 토란은 봄이 오기 전에 다 먹어치우고 끝낸다. 아주 깔끔하게.

14
강낭콩

강낭콩은 4월 중순에 직파를 하고, 모종은 서리 피해가 없는 5월 초순에 심는다. 조생종은 장마 전에 수확을 하며, 만생종은 늦가을에 수확을 한다. 강낭콩은 거름을 많이 필요로 하지 않으며, 병충해 피해도 거의 없다. 재식 거리는 조생종은 줄 간격 40~50cm, 포기 간격 20~30cm로 심고, 만생종은 넝쿨을 타고 크게 자라므로 포기 간격 50~60cm로 심는다. 강낭콩도 연작 피해를 줄이려면 3년간 휴작을 해야 한다. 강낭콩이 좋아하는 산도는 pH5.3 ~7.9로 땅을 가리지 않고 잘 자란다.

강낭콩은 익는 대로 수확하여 먹으면 된다

강낭콩은 조생종과 만생종으로 구분할 수 있는데, 울콩이나 호랑이 강낭콩과 같이 덩굴성 강낭콩이 만생종이고, 키가 작은 앉은뱅이강낭 콩이 조생종이다. 강낭콩은 발아가 잘 되므로 굳이 모종을 만들어 심 을 필요가 없다.

모종을 만드는 이유 중의 하나가 새 피해 때문인데, 이상하게도 강 낭콩은 새 피해도 별로 없다고 한다. 나도 강낭콩 씨앗을 심고 나서 한 번도 새 피해를 본 적이 없다. 혹시 강낭콩 씨앗이 너무 커서 새가 먹 을 수 없기 때문인가? 새한테 물어볼 수도 없고, 정확한 이유는 모르 겠다.

1) 심는 시기

중부지방의 경우 강낭콩은 3월 중순에 직파를 하면 된다고 한다. 3 월 중순에 심은 강낭콩은 4월 중순이면 싹이 나오는데, 문제는 변덕스 러운 요즘 날씨다. 강낭콩이 추위에 강하다고는 하지만 그렇다고 추위 에 아주 강한 것도 아닌 것 같다.

4월 말이 되자 강낭콩이 제법 커졌는데 5월 초순에 늦서리가 내렸 다. 순식간에 강낭콩 잎은 누렇게 변해 버렸고, 죽은 건지 생육이 정 지되었다. 뒤늦게 아미노산 액비를 몇 차례 엽면시비 해준 이후에 초 록색이 조금 돌아왔지만, 그해 소출은 완전히 엉망이 되었다.

그 이후 우리 집은 강낭콩을 더 늦게 심는다. 강낭콩을 3월 중순이 아닌 4월 중순경이 되어야 직파를 한다. 또 웬만해서는 모종을 만들지 도 않는다(굳이 모종을 만들려면, 모판에 씨앗을 4월 초순에 심고 25~30일간 키운 다음 늦서리 피해가 없는 5월 초순에 심으면 된다).

씨앗은 보통 한 곳에 2~3개의 씨앗을 넣어주고, 나중에 싹이 트면

2개만 남기고 나머지는 뽑아준다. 만약 씨앗 1개만 싹이 튼 경우에는 그냥 그것을 잘 키우면 된다. 2~3개의 씨앗을 심을 때 씨앗들을 서로 가까이 심지 말고 5cm 정도로 띄워 심는데, 씨앗은 1cm 정도의 깊이로 얕게 심는다.

2) 밭 만들기

강낭콩이 좋아하는 토양의 산도는 pH5.3~7.9로 땅을 별로 가리지 않는다. 예전에 학교에서 콩은 뿌리혹박테리아가 있어 거름을 주지 않고 심어도 된다고 배웠을지도 모르겠다. 그러나 전문가들은 상품성 있는 콩을 수확하기 위해 비료를 주고 키운다. 실제로 콩 비료(N-P-K 비율이 5-20-15이다)도 시중에서 판매하고 있다. 콩 재배에 질소는 조금만 있어도 되지만 인산과 가리의 요구량은 상당히 크다.

거름은 콩의 종류에 따라 다르게 주는데 메주콩이나 서리태, 조생종 강낭콩은 퇴비만 줘도 되고, 만생종 강낭콩은 재배기간이 길어 웃거름도 조금은 줘야 한다. 강낭콩은 연작 피해를 피하려면 3년 돌려짓기를 해야 한다.

3) 재식 거리

만생종 강낭콩은 포기 간격 50~60cm로 심으며 보통 2미터 이상 자란다. 수확은 익은 콩을 골라 먼저 수확을 해도 되고, 늦가을에 줄기 아래 부분을 잘라 꼬투리를 말린 후 한꺼번에 수확을 해도 된다. 만생종 강낭콩은 넝쿨을 타고 올라가므로 오이망을 설치해줘야 한다.

키가 작은 조생종 강낭콩은 줄 간격 40~50cm, 포기 간격 20~30cm로 심는다. 조생종은 생육기간이 50일 정도로 짧아 6월 말에서

7월 초순까지 여름철 장마가 시작되기 전에 수확을 모두 끝내게 된다. 장마철에 꼬투리 속에서 싹이 자라므로 그 이전에 수확을 끝내는 것이 좋다.

키 작은 강낭콩은 보통 50cm 정도까지 자라므로 지지대를 세우고 줄을 양옆으로 띄워준다(줄은 한 번만 띄어줘도 된다). 콩의 꼬투리가 빨갛게 되면 다 익은 것으로 6월 초순이면 수확을 시작할 수 있고, 조금 더 말려서 수확하기도 한다.

15
옥수수

옥수수는 재배하기 쉬운 작물 중의 하나이다. 옥수수 씨앗은 4월 중순 이후에 심으면 되고, 모종을 심을 때는 늦서리를 피할 수 있는 5월 초순 이후에 심으면 된다. 옥수수는 거름을 많이 필요로 하므로 비료를 주지 않고서는 키우기 어려운 작물이다. 재식 거리는 줄 간격 45cm, 포기 간격 30cm로 심는다. 요즘 인기 있는 신품종들은 비바람에 약해 잘 쓰러지므로 옆줄을 띄어주는 것이 좋다. 옥수수는 거칠고 메마른 땅에도 심을 수 있고, 병충해 피해도 거의 없다.

삶아놓은 흑찰미(좌), 옥수수는 옆줄을 띄어줘야 비바람에 쓰러지지 않는다(우)

예전에 시골에 놀러 가서 먹었던 옥수수의 기막힌 맛을 기억하시는 분이 계실지 모르겠다. 그 맛이 그리워 도시에서도 옥수수를 사다 먹지만 예전의 맛이 아니다. 단맛도 없는 게 분명히 차이가 있다. 도시에서 먹는 옥수수가 맛이 없는 이유는, 옥수수는 수확 후 시간이 지날수록 당분이 전분으로 변화되기 때문이다. 그래서 옥수수는 수확 후 바로 삶아 먹어야 한다. 쪄 먹는 게 아니라 물속에 푹 잠기도록 넣고 삶아서 먹는다. 그래야 풋내가 나지 않는다. 삶을 때 소금을 조금 넣으면 단맛이 더 강해진다. 도시에서는 옥수수를 수확하고 24시간 이내에 삶아낼 수 없기에 뉴 슈거를 넣고 단맛을 낸다고 한다. 그러니 맛이 차이가 날 수밖에 없다.

1) 심는 시기

옥수수를 판매용으로 심는 분들은 2월 중순~말경에 비닐하우스 안에서 모종을 만들기 시작한다. 모판에서 싹이 트면 밭에 정식을 하는데, 정식 후 날씨가 갑자기 추워지지만 않으면 그 해는 대박이라고 한다. 남들보다 1주일만 먼저 수확을 해도 옥수수 가격을 높게 받을 수 있다고 한다.

그런데 날씨가 추워져 얼어 죽으면 옥수수를 다시 심는다. 그래서 전문농가에서는 만약을 대비해서 옥수수 모종을 여러 번 나누어 만든다고 한다. 모판에 심은 옥수수는 싹이 나고 2주 이내에 밭에 옮겨 심지 않으면 성장이 부실해 수확량이 떨어진다고 한다. 옥수수를 일찍 수확하기 위해 요즘은 아예 비닐하우스 안에서 옥수수를 재배하시는 분도 계시다.

물론 텃밭 재배인 경우에는 그렇게 유난을 떨 필요는 없다. 굳이 모종을 만든다고 법석을 떨 필요도 없다. 나는 보통 4월 20일경에 1차로 밭에 직접 씨앗을 뿌리고, 5월 초순~중순에 2차로 씨앗을 뿌린다. 이렇게 늦게 씨앗을 심으면 5월 초순에 늦서리가 오더라도 피해를 입지 않는다. 다만 남들보다 조금 늦게 옥수수를 수확해야 한다. 만약 옥수수 모종을 심으려면 늦서리 피해가 없는 5월 초순에 심으면 된다.

옥수수는 가을에도 심을 수 있는데, 7월 말경에 옥수수 씨앗을 뿌리면 10월이면 옥수수를 수확할 수 있다. 가을 재배를 하려면 초기에 2~3차례 방제를 해줘야 하고, 봄 재배처럼 큼직한 옥수수를 수확할 수도 없다.

2) 밭 만들기

옥수수는 워낙 거름을 좋아하므로 듬뿍 줘야 한다. 옥수수는 비료를 주지 않고는 상품성 있는 옥수수를 수확할 수 없을 정도다. 밑거름 뿐만 아니라 웃거름도 2회는 줘야 한다. 웃거름 주는 시기는 옥수수 키가 무릎 정도일 때 1차로 주고, 옥수수 끝에 수술 털이 보이기 시작할 때 2차로 준다. 그렇게 해야 옥수수자루가 크고 굵어진다. 나는 밑거름으로 퇴비와 복합비료를 섞어서 주고, 웃거름으로는 NK비료를 준다. 옥수수는 퇴비만으로는 도저히 감당이 되지 않는다.

옥수수는 대개 비닐을 씌우고 심기 때문에 웃거름을 줄 때는 옥수수 포기 사이 중간쯤에 구멍을 뚫고 비료를 넣어주면 된다.

3) 재식 거리

옥수수는 줄 간격 45cm, 포기 간격 30cm로 심는데 한 곳에 씨앗을 3개씩 넣고 흙을 살짝 덮어준다. 물론 쥐도 새도 모르게 심어야 하는데, 쥐나 새한테 걸리면 다 털리고 새로 심어야 한다. 다행스럽게도 싹이 3개가 다 나오면 한 개를 뽑아내어 2개만 남겨준다. 싹이 한 개만 나온 곳은 이미 뽑아낸 싹을 함께 심어 주기도 한다. 옥수수는 옮겨 심어도 잘 죽지 않는다.

옥수수는 한 포기에 옥수수자루 한 개씩만 남겨야 큼직한 옥수수를 수확할 수 있다(판매용은 이렇게 키운다). 자급용이라 작아도 좋다면 두 개를 키워도 되는데, 두 번째 옥수수는 대개 절반 크기밖에 자라지 못한다. 옥수수 곁순이 나오기 시작하면 서둘러 따줘야 하는데, 너무 늦게 곁순을 제거하면 오히려 해롭다는 보고서도 있다.

4) 병충해

옥수수가 병충해에 강하다고 해서 소독을 전혀 하지 않아도 괜찮다는 말은 아니다. 예전에 전혀 소독을 하지 않은 적이 있는데, 삶은 옥수수자루에서 반쯤 삐죽 나와 죽은 애벌레들을 보고 아이들이 기겁한 적도 있다. 그래서 여름에 수확하는 옥수수는 옥수수 끝의 수술 털이 생길 때쯤에 1회 살충제를 살포해준다. 그러나 가을에 수확하는 옥수수는 2~3회 정도는 살충제를 살포해야 한다.

5) 재배 후기

옥수수 품종에는 여러 종류가 있는데, 예전에는 '대학 찰옥수수'가 제일 인기가 많았다. 그런데 요즘에는 '미백'이라는 찰옥수수가 더 맛있는 것 같다. 몇 년 전 친구들이 놀러 왔을 때 미백을 맛보고서는, 내가 일 년 농사지은 것을 다 먹어치우고 간 적이 있다.

요즈음 나는 자주색 찰옥수수인 '흑찰미'를 제일로 친다. 흑찰미는 옥수수 알의 색이 반쯤 자색이 되었을 때 수확해야 한다. 늦으면 너무 단단해져 먹을 수 없게 된다. 또 흑찰미는 다른 옥수수보다 생육기간이 다소 길어 1년에 2모작이 안 된다.

옥수수 수확 시기는 수염이 반쯤 말랐을 때가 적기이다. 이때쯤 되면 옥수수 껍질을 한두 개 조금 벗겨 옥수수 알갱이가 여물었는지, 또 적당히 색이 물들었는지를 확인하면 된다.

끝으로, 옥수수를 재배할 때는 중간에 지지대를 세우고 줄을 쳐주는 것이 좋다. 요즘 신품종 옥수수들은 줄기가 약해 비바람에 잘 쓰러지고, 또 기후도 예측불허이니까 말이다. 나중에 쓰러진 옥수수를 세우려면 힘이 몇 곱절은 더 든다.

한 가지 아쉬운 것은, 이 맛있는 옥수수 종자들은 새로 종자를 사서 심어야지 수확한 옥수수 씨앗을 심어선 안 된다. 비단 옥수수뿐만 아니라 요즈음 개량된 맛있는 품종들이 다 그렇다.

시골에서도 옥수수를 수확하면 바로 삶아놓는데, 삶은 옥수수는 다 먹어치우든가 아니면 냉동고에 넣어야 한다. 그런데 냉동고 크기는 한정되어 있으니 몇 자루 넣지도 못한다. 냉장고에서는 오래 보관되지 않는다. 아! 옥수수를 따지 말고 그냥 두었다가 먹을 때쯤에 수확하신다고? 그럴 듯은 한데, 옥수수는 익은 상태로 따지 않으면 너무 딱딱해져서 이가 약한 사람들은 먹을 수도 없게 된다.

그래서 시골 사람들은 수확량을 조절하기 위해 옥수수를 여러 차례로 나누어 심는다. 예를 들면, 옥수수를 보름 간격으로 나누어 심으면 옥수수를 보름 간격으로 수확할 수 있다는 말이다.

예전에 나도 남들처럼 4월 중순과 말경에 옥수수를 나누어 심은 적이 있는데, 나중에 보니 이상하게도 수확 시기가 거의 엇비슷했다. 그 이유는 날씨가 추울 때 밭에 씨앗을 심으면 일찍 심은 씨앗이나 늦게 심은 씨앗이나 실제로 발아하는 시기가 비슷해지기 때문이다. 그래서 추울 때에는 직파를 하지 말고 모종을 만들어 심어야 수확 시기를 조절할 수 있다.

16
아욱

아욱은 봄가을로 재배가 가능하며 재배기간도 짧은 작물이다. 아욱은 씨앗을 밭에 직접 파종해도 되고, 모종을 만들어 심어도 된다. 재식 거리는 포기 간격 30cm로 넉넉하게 심으면 된다. 밭은 평이랑으로 만들고, 거름은 퇴비를 듬뿍 준다. 아욱은 물을 많이 줘야 하고, 약산성 토양(pH6.0~7.0)을 좋아한다.

저절로 자란 아욱(좌)과 아욱밭(우)

아욱도 우리 집 텃밭에서 즐겨 찾아볼 수 있는 작물이다. 우리 식구는 된장국을 즐겨먹는데 아욱을 넣고 끓인 된장국은 구수하기 그지없다. 아욱은 대개 모종을 만들어 심는데, 4월 초순에 다른 채소 모종을 만들 때 아욱도 함께 만든다. 아욱은 뿌리째 뽑아먹는 것이 아니고 잎과 줄기를 잘라 지속적으로 수확할 수 있다.

아욱은 씨앗을 채종해 심어도 되는데, 나는 예전에 구입한 씨앗이 아직 남아 있어 사용하고 있다. 7~8년은 족히 지났는데 아직도 발아율이 높다. 씨앗은 밀봉 후 냉장 보관한다.

아욱은 상추처럼 수확을 하고 나서 물과 거름을 충분히 줘야 빨리 회복이 된다. 아욱은 5~6포기만 심어도 한 가족이 먹기에 충분한 양을 수확할 수 있다. 식구들이 날마다 아욱된장국만 먹는 것은 아니니까.

1) 심는 시기

아욱은 봄가을로 일 년에 두 번 재배가 가능하다. 아욱은 서늘한 날씨를 좋아하지만, 그렇다고 추위에 강한 작물은 아니다. 아욱은 서리를 한 번만 맞아도 물에 삶은 것처럼 축 늘어져버린다. 봄 재배는 4월 말경에 밭에 직파를 해도 되고, 모종을 만들어 심어도 된다. 모종은 4월 초순에 만들고 서리 피해가 없는 5월 초순에 밭에 정식하면 된다.

아욱은 밭에서 저절로 자라기도 한다. 해마다 아욱을 몇 포기씩 밭에 심었더니 씨앗이 바람에 날려 이따금 텃밭 여기저기에서 아욱 싹이 자라곤 한다. 다만 아욱 싹이 보이는 시기가 다소 늦으므로(5월 중순 이후에야 싹이 보인다), 저절로 자라는 아욱을 기다리다가는 몇 차례 수확도 못하고 끝나버린다. 아욱은 모종을 심고 한 달만 지나면 수확할 수 있으며, 가을 재배는 8월 말에 직파를 하면 된다.

2) 밭 만들기

아욱밭을 만들 때는 퇴비를 넉넉히 준다. 아욱은 pH6.0~7.0의 약산성 토양을 좋아하므로 석회고토를 조금 주고 심으면 좋다. 아욱은 병충해 피해도 거의 없다.

3) 재식 거리

아욱은 직파를 할 때 줄뿌림을 하는데 줄 간격은 30cm로 심는다. 나중에 싹이 나오면 포기 간격 20cm로 솎아주면 된다. 모종을 심을 때는 넉넉하게 포기 간격 30cm로 심으면 된다. 아욱이 자라면 잎과 큰 줄기를 끊어서 먹는데, 큰 줄기를 끊어주면 옆에서 곁가지들이 많이 나온다. 곁가지들이 많아지면 30cm 포기 간격인데도 그리 공간이 넓어 보이지 않는다.

17

잎 들깨, 들깨

들깨는 재배 목적에 따라 심는 시기가 달라지는데, 깻잎을 수확하기 위해서는 5월 초순에 모종을 심으면 되고, 깨를 수확하기 위해서는 6월 중순 이후에 모종을 심으면 된다. 재식 거리 역시 달라지는데 깻잎을 위해서는 40 × 40cm로 심고, 깨를 위해서는 50 × 50cm로 좀 더 넓게 심는다. 들깨는 거름을 많이 필요로 하지 않는 작물로 연작 피해도 없고, 향이 워낙 강해 야생동물의 피해도 없는 작물이다. 들깨는 약산성 토양(pH6.0~6.5)을 좋아한다.

저절로 자란 들깨(좌)와 모종을 심은 들깨밭(우)

참깨나 들깨는 소규모 텃밭 재배에 어울리지 않는 작물이다. 혹시 깻잎을 먹으려고 심는 거라면 몰라도. 그래서 우리 집에서는 참깨를 심어본 적이 없고, 들깨도 깨보다는 깻잎을 수확하려고 심어왔다(참깨나 들깨를 수확하기 위해서는 재배면적이 어느 정도 넓어야 한다).

물론 어떤 목적으로 들깨를 심든 종자는 똑같다. 단지 재배 목적에 따라 심는 시기와 재식 거리가 달라진다. 또 잎 들깨야 잎이 목적이니 잎을 많이 따내지만, 깨를 수확할 목적이라면 잎을 너무 많이 따내면 안 된다. 들깨도 무척이나 재배하기 쉬운 작물이지만, 깨를 수확해 골라내는 일은 그다지 쉬워 보이지 않는다(직접 해보지 않아 잘 모르겠다). 들깨 모종은 몇 포기만 심어도 여름 내내 깻잎을 수확할 수 있고, 나중에 깻잎 장아찌도 만들 수 있다.

1) 심는 시기

잎을 수확하기 위해 들깨를 심을 때는 냉해 피해가 없는 5월 초순에 모종을 심는 것이 좋다. 모종을 만들려면 4월 초순에 모판을 만들고, 한 달쯤 모종을 키운 뒤 5월 초순에 밭에 정식하면 된다. 밭에 들깨 씨앗을 직파하면 추운 날씨로 발아가 늦어져 모종을 만들 때보다 깻잎의 수확 시기가 늦어진다.

해마다 텃밭에 들깨 몇 포기를 심어왔다면 작년에 떨어진 씨앗에서 저절로 들깨가 발아되기도 한다. 우리 집에서는 이따금 이렇게 저절로 자란 모종을 심기도 하는데, 다만 5월 말까지 기다려야 들깨 싹이 나오는 게 흠이다. 물론 이때쯤 들깨 모종을 심어도 수확 시기가 조금 늦어질 뿐, 여름 내내 깻잎을 수확할 수는 있다.

들깨를 수확하기 위해서는 6월 중순~말경에 파종을 한다. 파종 방법은 모판에서 모종을 만들어도 되지만, 밭 한 쪽에 흩뿌리기로 들깨 씨앗을 뿌려놓고 한 달쯤 키운 다음 7월 중순~말경에 밭에 정식을 해도 된다. 들깨는 발아가 아주 잘 되는 작물로, 기름을 짜려고 들깨를 물에 씻은 뒤 하루나 이틀만 지체하면 싹이 터서 기름을 짤 수가 없을 정도라고 한다.

들깨 수확용 재배는 너무 일찍 심으면 초가을에 태풍 피해를 받을 우려가 있고, 너무 늦게 심으면 생육기간이 짧아 결실이 부실해진다고 한다.

2) 밭 만들기

들깨는 거름을 많이 필요로 하지 않으므로 퇴비만 주고도 키울 수 있다. 웃거름도 거의 주지 않아도 되는데, 잎의 크기나 색상 등 발육 상황을 지켜보면서 필요시 웃거름을 조금 줘도 좋다. 들깨는 pH6.0~6.5의 약산성 토양을 좋아하므로, 석회고토를 주지 않고 심어도 된다.

3) 비닐 멀칭하기

들깨는 초기에 풀을 조금만 잡아주면 비닐 멀칭을 하지 않고도 키울 수 있는 작물이다. 들깨 잎이 무성해지면 그 아래에는 풀들이 거의 자라지 못한다. 다만 넓은 면적에서 들깨를 재배할 경우에는 비닐을 씌어줘야 일손이 줄어든다.

4) 재식 거리

깻잎을 수확할 목적이라면 줄 간격 40cm, 포기 간격 40cm로 심는다. 줄기가 길면 휘어서 땅속에 묻고 땅 위로 10cm 정도만 밖으로 나오도록 심는다. 그러면 땅속에 묻힌 줄기에서도 뿌리가 나온다. 들깨 수확용 재배인 경우는 더 넓게 50cm 이상 간격으로 심으면 된다.

들깨 꽃은 일찍 심은 것이나 늦게 심은 것이나 거의 같은 시기에 핀다. 왜냐하면 들깨 꽃은 밭에 심은 날짜가 아닌 햇빛의 길이에 영향을 받기 때문이다. 그래서 빨리 심는다고 더 빨리 수확하는 것도 아니니 너무 법석을 피우지 않아도 된다. 보통 들깨는 9월 10일경 씨앗이 맺힌다.

5) 병충해

텃밭에서 재배하는 잎 들깨는 방제를 하지 않고 재배를 한다. 그래서 가급적이면 널찍하게 심어 바람이 잘 통하게 해줘야 한다. 그래도 병충해가 발생하면 먼저 병반이 보이는 잎을 따버리고, 최악의 경우에는 들깨를 아예 뿌리째 뽑아버린다. 들깨 수확을 위해 재배할 때는 몇 차례 방제를 해야 한다.

들깨는 향이 워낙 강해서 멧돼지나 고라니도 먹지 않는다. 이런 야생동물의 피해가 심한 밭에서는 들깨밖에는 심을 작물이 없다고 한다. 이따금 옥수수나 고구마를 보호하려고 울타리처럼 들깨를 주위에 심기도 하는데, 그 효과에 대해서는 장담할 수 없다. 물론 다른 곳에 먹을 게 많다면 굳이 냄새나는 들깨밭에 가까이 오지 않겠지만, 정말 배고픈 놈들은 그 정도 냄새쯤은 참으며 맛있는 옥수수나 고구마를 먹으려 들 테니까 말이다.

18
생강

생강은 열대성 채소로 고온다습한 토양을 좋아한다. 생강은 5월 초순에 생강 종구를 심는다. 생강은 20×20cm 간격으로 심고, 밑거름보다는 웃거름을 많이 주는 게 좋다. 생강은 심은 뒤에 볏짚을 덮어줘야 발아가 잘 된다. 생강은 종자를 심고 두 달 정도는 기다려야 싹이 나온다. 연작 피해를 줄이려면 1년 돌려짓기를 해야 하고, 수확은 10월 중순경에 한다. 생강은 약산성 토양(pH6.0~6.5)을 좋아한다.

봄에 장에 가서 생강 종자를 구입하려는데 주인아저씨가 대뜸 "생강 심어봤어요?"라고 묻는다. 아니, 왜 내가 농사꾼처럼 보이지 않나? 요즘 봄볕에 타서 얼굴도 검어졌는데 말이다.

"그럼요. 생강 종자 보관이 안 돼서 새로 사러 나온 거예요."

"일반 가정에서는 생강 종자 보관하기 정말 힘들어요. 차라리 조금 사시는 게 더 나아요."

말씀하시는 게 장사 속은 아닌 것 같다. 덕분에 옆에 있던 아내에게 체면이 조금은 섰다.

"그것 봐. 생강 종자 보관은 누구나 힘든가 봐!"

생강 600g을 심어 22kg을 수확했다. 물론 항상 농사가 잘되는 건 아니다

집에서 생강을 보관하기 위해 여러 차례 시도를 해보았지만 매번 흰 곰팡이가 피고, 실패를 했다. 따라서 텃밭 재배를 하는 경우라면 아까운 생강 썩혀 버리지 말고 봄에 생강 종자를 조금 구입하는 편이 낫다. 가을에 수확한 생강은 맛있게 다 먹어 치우고. 생강을 보관하는 적정온도는 12~15℃라고 하는데, 일반 가정에서는 이 온도를 유지하기가 어렵다.

1) 심는 시기

생강은 통상 5월 초순에 심는다. 물론 종자를 땅속에 심는 것이므로 4월 말경에 심어도 된다(다만 그러려면 생강 종자 한 종목을 구입하러 멀리 시장에 다녀와야 한다). 그런데 생강은 심은 지 45일에서 60일 정도가 지나야 새순이 돋는다. 웬만한 성격으로는 기다리기 힘들 정도다. 텃밭에 다른 채소들은 수확할 때가 되어 가는데 생강은 싹이 보이지도 않는다. 그래서 흙 속을 파보고 싶은 유혹마저도 느낀다. 물론 처음에는 나도 기다리지 못하고 파봤다.

생강은 순을 틔워 심는 것이 좋다고 한다. 순을 틔우는 방법은 외부

온도 25℃ 정도로 따뜻한 곳에서 트레이에 생강을 올려놓고 흰 비닐을 덮어준다. 그리고 2일에 한 번씩 물을 주면 2~3주 후에 순이 나온다. 온도를 맞추지 못하면 종자가 썩을 수도 있다고 한다. 방법은 알겠는데 너무 어렵다.

나는 대안으로 이미 눈이 틔어 있는 생강 종자를 구입한다. 5월 초순 무렵 장에 가면 생강을 파는데 눈이 이미 틔어 있는 생강 종자를 구입하면 된다. 이때쯤이면 대부분 생강 종자에는 눈이 틔어 있다. 물론 밭에 심을 때에는 눈을 절대로 떼어내지 말고 조심스럽게 심어야 한다. 눈이 틔어 있는 생강 종자를 심더라도 싹이 나오려면 한참을 기다려야 한다. 물론 눈이 틔지 않은 것보다야 빠르겠지만.

한 조각에 생강 눈이 2~3개 정도가 있도록 조각을 내어 심는다. 그리고 흙을 2~3cm 정도로 덮어주고, 그 위에 볏짚을 3~4cm 두께로 꼭 덮어줘야 한다. 볏짚을 덮어줘야 흙이 수분을 머금고 있어서 발아도 잘 되고, 또 풀이 자라는 것도 어느 정도 억제해준다. 생강을 심고 나서 초기에는 며칠에 한 번씩은 물을 주어 습기를 머금고 있도록 해주는 것이 좋다.

2) 밭 만들기

생강은 뿌리가 약하므로 배수가 잘 되는 땅이 좋다. 또 생강은 기비보다는 추비를 많이 주라고 한다. 생강밭을 만들 때에는 밑거름은 조금만 주고, 생강을 심고 싹이 트고 난 이후인 7월 하순경에 거름을 듬뿍 줘야 한다. 생강은 땅속에서 발아되기까지 오랜 시간이 걸리므로 초기에는 거름을 많이 줘도 별 도움이 되지 않는 것 같다(시간이 지나가면 비료 성분만 줄어든다).

밑거름은 퇴비 위주로 주되 복합비료도 조금은 섞어준다. 추비는 NK비료를 뿌려주기도 하지만 우리 집은 아미노산과 키토산 액비를 뿌려준다. 생강은 pH6.0~6.5의 약산성 토양을 좋아하므로 석회고토를 조금 뿌려주고 심는다.

3) 재식 거리

생강밭은 평이랑을 만들고 줄 간격 30cm, 포기 간격 25cm로 심으라고 한다. 예전에 1만원 주고 생강 종자 한 근 반을 사왔는데(600g을 32쪽으로 나누었다) 남은 땅이 얼마 되지 않아 20×20cm의 좁은 간격으로 심었다. 그런데 놀랍게도 그해 종자 한 근 반으로 생강 22kg을 수확하는 기록을 세웠다.

물론 농업진흥청에서 추천하는 재식 거리는 오랜 실험을 통해 얻은 결과이므로 따르는 것이 좋다. 하지만 재식 거리를 약간 다르게 해도 소출에는 큰 영향을 주지 않는 것 같다. 오히려 성공적인 재배를 위해서는 재식 거리보다는 웃거름을 얼마나 주고, 제초 작업을 얼마나 자주하고, 얼마나 정성을 들였는가에 따라 좌우된다.

그해 작성한 농사일지를 보면 초창기에 날마다 물을 주었고, 웃거름으로는 NK비료를 주었고, 추가로 자가제조한 키토산 액비와 아미노산 액비를 몇 차례나 관주해주었다. 그해에는 비도 자주 왔다. 아마도 이같이 수많은 요소들이 복합적으로 작용해 그해 생강 농사가 풍작이 되었던 것 같다.

4) 병충해

돌려짓기만 제대로 하면 생강밭에는 병충해 피해도 없다. 나는 그동안 생강밭에 방제를 한 적이 한 번도 없는데, 병충해 피해를 입었던 적이 한 번도 없다.

생강을 많이 수확하는 비법

올봄에 생강 종자를 사러 장에 갔다가 운 좋게 전문가를 만났다. 직접 키운 생강을 팔러 나온 분이었는데, 조금 친숙해지자 자신이 터득한 비법을 전수해주셨다.

"종자로 쓸 생강이 아니라면 조금 늦게 캐세요. 서리를 한두 번 맞혀도 괜찮아요. 그 마지막 10여 일 사이에 생강이 20~30%는 커지거든요!"

충분히 공감이 가는 말씀이었다. 과일이든 채소든 항상 일정한 비율로 자라는 것이 아니고, 마지막 순간에 급격하게 커지는 법이니까 말이다.

어차피 종자용으로 사용할 것도 아니니, 앞으로 생강은 조금 늦게 캐는 것이 좋을 것 같다. 뭐니 뭐니 해도 수확량이 많은 게 제일 중요하니까!

19

단호박, 마디호박, 늙은 호박

A. 단호박 재배법

단호박은 추위에 약한 작물이므로 모종은 늦서리 피해가 없는 5월 초순에 심는다. 텃밭 재배의 경우 2~3포기만 심어도 큼직한 단호박을 6~9개는 수확할 수 있다(포기당 3개). 단호박은 쉽게 모종을 구입해서 심어도 되지만, 채종한 씨앗을 직접 심거나 모종을 만들어 심어도 된다. 단호박은 거름을 많이 줘야 하고, 넝쿨이 타고 올라갈 수 있도록 그물망도 설치해줘야 한다. 재식거리는 포기 간격 60cm로 널찍하게 심으며, 수확은 8월 이후에 할 수 있다.

단호박은 수확 후에도 숙성시간이 필요하다

시중에 판매하는 호박의 종류가 너무 많아 이름을 기억하기도 어렵다. 그래서 우리 집에서는 흔하게 구할 수 있는 둥근 모양의 단호박을 심는다. 우리 집은 거의 해마다 단호박을 몇 포기씩 심지만 이따금 한 해를 건너뛰기도 한다. 단호박을 심지 않는 해는 바로 단호박을 대부분 썩혀 버린 경우다. 그럴 때면 소심한 남편이 무언의 항의로 일부러 단호박을 심지 않지만 아내는 신경조차 쓰지 않는 것 같다.

단호박은 겉은 단단해 보이지만, 그렇다고 장기간 보관되는 것도 아니다(적정 보관온도가 12~15℃라고 하는데, 그 온도를 맞추기가 어렵다). 그래서 저장고에 넣고 몇 달 잊고 지내다 보면 다 물러져 있다. 사실 몇 달씩 보관되는 농작물이 어디 있겠냐만. 아무튼 빨리 먹지 못할 것 같으면 주위 분들에게 나누어 드리기도 하는데 종종 남겨놓은 그 몇 개마저도 썩혀버리고 만다. 대부분의 농사꾼에게도 수확한 농작물은 버리는 게 반이다.

1) 심는 시기

단호박 모종은 서리에 안전한 5월 초순에 심는다. 단호박은 추위에 약하므로 모종을 심고 나서 늦서리 피해를 입지 않도록 유의해야 한다. 단호박은 모종을 구입해 심어도 되고, 씨앗을 발아시켜 심어도 된다.

농사를 시작한 초기에는 모종을 열심히 만들었는데, 이력이 많이 쌓인 지금은 오히려 모종 몇 포기를 사는 것을 선호하는 편이다. 호박은 모종을 키우는데 30~40일 정도 소요가 되는데, 모종을 만드는 일은 비닐하우스가 있더라도 쉽지가 않다.

모종을 만들려면 4월 초순에 모판에 씨앗을 파종하고 30~40일을 키운 다음, 5월 초순에 모종을 밭에 심으면 된다. 밭에 씨앗을 직파를 할 경우에는 4월 말경에 씨앗을 심으면 된다. 씨앗은 한 곳에 3개씩 넣는다.

2) 밭 만들기

단호박을 재배하기 위해서는 거름을 많이 줘야 한다. 일반 호박도 거름을 많이 주기는 마찬가지다. 단호박은 퇴비만으로는 부족하고 비료도 섞어줘야 한다. 나중에 추비도 2~3차례 해줘야 하는데 NK비료를 훌훌 뿌려주면 된다(또는 액비를 뿌려준다). 물론 추비는 무조건 주기보다는 잎 색상을 살펴가며 주는 것이 좋다.

3) 재식 거리

단호박의 재식 거리는 포기 간격 60cm 정도도 널찍하게 심는다. 단호박은 넝쿨을 타고 올라가므로 그물망을 쳐줘야 한다. 오이망은 그물이 너무 약해 늘어지므로 중간에 쇠파이프나 지지해줄 만한 것을 같이 설치해줘야 한다. 나는 울타리용으로 사용하던 질긴 그물망을 사용하고 있는데, 단호박망으로는 최고인 것 같다. 그물망 없이 넝쿨을 바닥에서 키울 때는 호박이 땅에 닿지 않도록 받침대를 깔아줘야 나중에 썩지 않는다.

4) 병충해

단호박 재배 시 가장 흔하게 나타나는 병이 흰가루병인데, 호박의 잎이나 줄기에 밀가루를 뿌려놓은 것처럼 흰색으로 뒤덮인다. 이때 난황유를 만들어 뿌려주면 효과가 있다. 또 병반이 보이는 잎을 미리 제거해주면 병의 확산을 억제할 수 있다.

5) 단호박 키우기

전문가들은 단호박을 키울 때 순지르기를 한다. 호박은 어미넝쿨보다는 아들넝쿨에 달린 호박이 더 상품성이 좋다고 한다. 순지르는 방법은 모종을 정식한 뒤 잎이 5~6개 나왔을 때 원줄기의 끝단을 잘라주면 된다. 이렇게 순지르기를 하면 아들 덩굴이 여러 개가 나오는데, 그중 아들넝쿨 3개만 유인해서 키우면 된다. 각 줄기마다 단호박은 한 개씩만 열리게 해준다.

단호박은 수정이 된 후 25일만 지나면 크기는 다 커지지만, 열매 살의 숙성과정은 그 이후부터 진행된다. 그래서 열매가 맺힌 후 50일 이후에 수확을 해야 당도가 높아진다. 또 수확 후에도 20~30일의 후숙과정을 거쳐야 당도가 더 강해진다고 한다. 겉으로 보기에 다 컸다고 빨리 수확을 하면 속도 덜 익고, 맛도 떨어진다. 나는 항상 남들보다 늦게, 8월 중순이 지나서야 수확을 한다(수확 시기는 품종마다 다르겠지만, 나는 일반적으로 노지에서 재배하는 단호박만 심어봤다).

끝으로, 호박은 서로 다른 품종을 근처에 심지 말아야 한다. 예를 들어 단호박과 마디호박을 같이 심으면 이도 저도 아닌 어정쩡한 품종의 호박이 탄생할 수도 있으니까 말이다.

B. 마디호박(애호박) 재배법 - 마디호박 재배법은 단호박과 유사하다

여름철 어느 시골집이나 넘쳐나는 작물이 있으니 바로 마디호박이다. 텃밭 한 구석에 마디호박 두 포기만 심어도 한 가족이 먹기에 충분한 양이 나온다. 식구도 별로 없는데 호박은 하루가 멀다 하고 쏟아져 나오니 처치 곤란할 정도다. 주위에 사는 분들 역시 텃밭 농사를 지으시니 나누어 드릴 수도 없고, 또 드린다고 해도 별로 반가워하지도 않으신다. 수확한 마디호박은 냉장고에서 며칠을 뒹굴다가 퇴비장으로 보내지곤 한다.

그렇다고 마디호박을 심지 않을 수도 없다. 여름철 반찬이 마땅치 않을 때 쉽게 요리해 먹을 수 있는 게 바로 마디호박이니까 말이다. 그래서 우리 집 여름철 반찬은 호박 된장찌개, 호박부침, 호박볶음 등 하루도 호박이 빠질 날이 없다.

마디호박은 두 포기만 심어도 엄청나게 열린다

1) 심는 시기

마디호박 모종도 서리 피해가 없는 5월 초순에 심어야 한다. 마디호박은 직파를 해도 되지만 모종을 만들어 심으면 더 잘 자란다고 한다. 텃밭 재배의 경우에는 몇 포기만 심어도 되므로 모종을 구입할 수도 있고, 모종을 만들어 심어도 된다.

모종을 만들려면 4월 초순 모판에 씨앗을 파종하고 30~40일을 키운 다음, 5월 초순에 밭에 심으면 된다. 밭에 씨앗을 직파를 할 경우에는 서리 피해를 입지 않도록 4월 말경에 씨앗을 심는 것이 좋다. 씨앗은 한 곳에 3개씩 넣으면 된다.

2) 밭 만들기

마디호박을 재배하기 위해서는 거름을 많이 줘야 한다. 호박이란 이름이 들어간 작물은 무조건 거름을 많이 줘야 한다. 따라서 퇴비도 듬뿍 줘야 하지만, 밭을 만들 때 비료도 섞어줘야 한다. 물론 추비도 2~3차례 해줘야 하는데 NK비료를 뿌려주면 된다.

3) 재식 거리

마디호박의 재식 거리는 포기 사이 60cm 정도도 널찍하게 심는다. 단호박과 마찬가지로 넝쿨을 타고 올라가므로 그물망을 쳐줘야 한다. 오이망을 쳐도 어느 정도 버티기는 하지만, 비에 젖어 있을 때는 그물이 늘어나거나 찢어지기도 한다. 그래서 오이망보다는 조금 더 튼튼한 그물망을 사용하는 것이 좋다.

4) 병충해

마디호박 재배 시에도 가장 흔하게 나타나는 병이 흰가루병인데, 호박의 잎이나 줄기에 밀가루를 뿌려놓은 것처럼 흰색으로 뒤덮인다. 이때는 난황유를 만들어 뿌려주면 효과가 있다. 또 병반이 보이는 잎을 미리 제거해주면 병의 확산을 억제할 수 있다.

5) 마디호박 키우기

전문가들은 마디호박의 넝쿨을 2개만 키운다는데 우리 집에서는 보통 3~4개의 넝쿨을 키운다(자급용이라 상품성이 떨어져도 되니까). 단호박과 마찬가지로 순지르는 법을 사용하면 된다. 일단 원줄기 끝단을 순지르기 해주고, 곁순이 나오면 이들 아들넝쿨 중에서 3~4개를 골라 키운다. 그 이후 넝쿨에 끊임없이 열리는 호박을 계속 수확하면 된다. 호박이 커지면 씨가 생기므로 한 뼘 크기일 때 수확하는 것이 좋다.

C. 늙은 호박(멧돌호박) 재배법 - 늙은 호박 재배법도 단호박과 유사하다

늙은 호박은 모종을 만들어 심어도 되지만 씨앗을 직접 파종해도 잘 자란다. 밭 한 쪽 구석이나 약간 경사진 곳에 늙은 호박을 심어놓으면 알아서 저절로 자란다. 우리 집에서는 전지한 사과나무 가지들을 과수원 한 쪽 구석에 쌓아놓는데 바로 그 아래에 늙은 호박을 심으면 넝쿨들이 풀에 치이지도 않고 쌓여 있는 가지들을 타고 올라간다.

늙은 호박잎은 쪄서 쌈으로 먹기도 한다

1) 심는 시기

늙은 호박 모종도 서리 피해를 피할 수 있는 5월 초순에 심어야 한다. 늙은 호박은 직파를 해도 잘 자라므로 작년에 수확한 호박에서 씨앗을 채종했다가 심으면 된다.

모종을 만들려면 4월 초순에 모판에 씨앗을 파종하고 30~40일을 키운 다음, 5월 초순에 모종을 밭에 심으면 된다. 밭에 씨앗을 직파할 경우에는 서리 피해를 입지 않도록 4월 말경에 씨앗을 심으면 된다. 씨앗은 한 곳에 3개씩 넣는다.

2) 밭 만들기

늙은 호박도 거름을 많이 줘야 한다. 퇴비도 듬뿍 줘야 하지만, 밭을 만들 때 비료도 섞어줘야 한다. 물론 추비도 2~3차례 해줘야 하는데 NK비료를 뿌려주면 된다.

3) 재식 거리

우리 집에서 늙은 호박을 심을 때는 재식 거리라고 할 것도 없다. 밭 끝에 작은 웅덩이를 파고 거름을 듬뿍 준 다음 씨앗을 3개 정도 넣으면 끝이다. 모종 두 포기를 겹쳐서 심기도 하는데, 늙은 호박은 모종을 한 포기씩 나누어 심는 것보다는 두 포기를 모아서 심는 것이 더 잘 자란다고 한다. 한 포기당 넝쿨을 두세 개만 키우고, 넝쿨마다 호박을 한 개씩만 키운다.

4) 늙은 호박 키우기

호박을 그대로 내버려두면 무수히 많은 작은 호박들이 열리므로 넝쿨 당 한 개를 제외하고는 수시로 작은 호박들을 수확한다(이 작은 호박들은 먹어도 된다). 호박 넝쿨이 무성하므로 고추 지지대로 호박잎을 제쳐가며 확인해야 한다(무성한 잎의 그늘진 곳에는 뱀도 많으니까!).

이렇게 키우면 가을에 큼직한 호박 6~7개를 수확할 수 있는데, 늙은 호박들은 서리가 내리기 전에 모두 수확해야 한다.

20
수세미

수세미는 추위에 약한 작물로 서리 피해가 없는 5월 초순에 모종을 심는 것이 안전하다. 수세미는 모종을 구입해서 심어도 되지만, 채종한 씨앗을 심어도 된다. 재식 거리는 한 줄로 심을 때 포기 간격 60cm 정도면 충분해 보인다. 수세미는 재배기간이 긴 작물이므로 거름을 많이 주고, 웃거름도 준다. 수세미는 연작 피해가 없으므로 계속 같은 자리에 심어도 되며, 9월 중순경에 수확한다. 수세미는 중성 토양(pH6.0~7.5)을 좋아하므로 석회고토를 주고 심는다.

수세미는 어느 순간 걷잡을 수 없을 정도로 넝쿨이 무성하게 뻗는다

환경에 대한 방송을 보더니만 아내가 갑자기 "앞으로는 천연수세미를 만들어 써야겠어!"라고 선언했다.

"좋은 생각인데, 그런데 어떻게 만드는 건데?"

"어떻게 만들긴, 밭에 수세미 심으면 되지!"

말은 참 쉽게도 한다. 정작 수세미를 심고 키우는 일은 내 일인데 말이다. 결국 아내의 명령에 따라 수세미 모종 4포기를 심었다. 수세미 재배법에 대해서는 아는 바가 전혀 없었으므로 자료를 찾아봤는데 터널에 매달린 수세미들이 많이 보였다. 수세미는 터널을 만들어줘야 하나 보다! 그런데 터널을 만들 공간은 없고, 그냥 무늬만 비슷하게 차고 벽 옆에 지지대를 세우고 그물망을 쳐주었다. 알아서 타고 올라가라고.

1) 심는 시기

수세미는 받아놓은 씨앗이 있으면 모종을 만들어 심어도 된다. 모종을 만들 때는 4월 초순에 모판에 씨앗을 넣고 30~40일을 키운 다음, 냉해 피해가 없는 5월 초순에 모종을 심으면 된다. 시장에서 모종을 구입하는 것도 좋다. 처음에는 수확량에 대해 가늠이 되지 않아 모종 4포기를 심었는데, 수확량이 엄청났다. 집에서 사용할 천연수세미를 만들려면 2포기만 심어도 충분해 보인다.

2) 밭 만들기

수세미는 재배기간이 긴 작물이므로 거름도 많이 줘야 한다(오이 재배와 비슷하다). 재배기간이 긴 작물은 거름을 줄 때 한 번에 다 주지 않고 여러 번으로 나누어 주는 것이 좋다. 수세미밭을 만들 때는 밑거름으로 퇴비를 뿌려주되 복합비료도 섞어준다. 또 추비는 NK비료를 준다 (그 외에도 아미노산 액비나 키토산 액비와 같은 자재를 뿌려줘도 좋다). 수세미는 pH6.0~7.5의 중성 토양을 좋아하므로 석회고토를 주고 심어야 한다.

3) 재식 거리

수세미는 넝쿨을 타고 엄청나게 뻗어간다. 수세미를 한 줄로 심을 때(넝쿨을 타고 키가 크게 자라므로 두 줄로 심을 수도 없다) 포기 간격은 60cm 면 충분해 보인다.

수세미는 지지대를 세워줘야 하는데 고추 지지대 정도로는 어림도 없다. 수세미가 많이도 열리지만 그 무게도 엄청나므로 쇠파이프로 튼튼한 터널을 만들어줘야 한다. 우리 집은 수세미가 타고 올라갈 수 있도록 차고 옆에 튼튼하게 지지대를 세우고 울타리용 그물망을 씌워주었다.

4) 수세미 키우기

수세미 수확량에 대해 아는 바가 없으니 처음에 수세미 모종 4포기를 심었다. 나중에 수세미를 10개쯤 수확하면 성공이지 싶었다. 그런데 수세미를 몰라도 너무 몰랐던 것 같다. 처음에는 티도 별로 안 내고 조숙하게 크는 것 같더니만, 어느 순간 수세미 넝쿨은 걷잡을 수 없는 속도로 퍼져나갔다. 얼마나 넝쿨이 무성하고 빨리 자라는지 순식간에 옆에 심은 능소화도 덮어버렸고, 내가 아끼던 대추나무도 덮어버렸다.

여름 내내 몇 차례나 옆으로 뻗어나간 수세미 줄기를 잘라줘야 했다. 옆으로 못 자라게 했더니 넝쿨은 차고 지붕 위로도 올라갔다. 보이지도 않는 지붕 위로 올라간 것까지야 어쩔 수 없으니 내버려 두었다.

수세미를 수확할 때가 되어 넝쿨을 들추어 보았더니 이미 누렇게 시들어버린 수세미도 보였다. 매달린 수세미 개수를 세어보니 10여 개는 된다. 그런데 차고 지붕 위가 궁금해졌다. 넝쿨이 지붕 위로 많이 뻗은 것 같은데 혹시 그곳에도 수세미가 있지는 않을까? 옛날 초가지붕 위에 호박이 뒹굴고 있듯이 말이다. 그래서 사다리를 놓고 차고 지붕 위에 올라가 보았는데, 과연 대박이 났다. 지붕 위에는 수십 개의 수세미가 뒹굴고 있었다. 수세미 4포기 심어서 수확한 양이 사과박스로 2상자가 넘었다.

수확한 수세미

5) 천연수세미 만드는 법

천연수세미를 만들려면 손이 많이 간다. 삶고, 껍질을 벗기고, 씨를 빼고 말려야 한다(씨를 나중에 빼기도 한다). 주방용 수세미를 만들려면 먼저 쓰기 좋게 몇 토막으로 자른 다음 끓는 물에 삶아야 한다. 자르지 않고 그냥 삶아도 되겠지만 커서 큰 솥에 몇 개밖에 들어가지 않는다.

30분쯤 끓인 다음에 수세미를 건져내면 쉽게 껍질이 벗겨진다. 그리고 일일이 씨앗을 빼내야 하는데 씨앗이 콕콕 박혀 있어서 빼내는 작업이 만만치가 않은 것 같다(아내가 씨 빼는 작업을 혼자 하면서 많이 씩씩거렸으니까). 그 후에 건조를 시키면 된다.

아내 눈치를 보느라 이따금 설거지를 해주는데 천연수세미가 제법 쓸 만하다. 꼭 환경문제가 아니더라도 그릇을 씻는 감촉이 시중에 파는 일반 수세미와는 비교할 바가 아니다. 텃밭이 있는 시골집에 사신다면 울타리 한 구석에 수세미를 심어보시는 것도 좋을 것 같다. 재배하기에도 쉬우니까!

21
고추

고추는 다년생 식물이지만 추운 겨울을 이겨내지 못하므로 한해살이풀처럼 키운다. 모종을 심는 시기는 늦서리 피해가 없는 5월 초순이 좋으며, 줄 간격 80~120cm, 포기 간격 45cm로 심는다. 고추는 거름을 많이 필요로 하므로 웃거름도 2~3차례 줘야 한다. 특히 비바람에 약하므로 지지대를 세워줘야 한다. 고추는 병충해도 많으므로 빨간 고추를 수확하려면 필히 방제를 해야 한다. 토양 산도에는 민감하지 않으나 약산성 토양(pH6.0~6.5)을 좋아하며, 연작 피해를 줄이려면 3년간 돌려짓기를 해야 한다. 그 외에도 우리 집은 꽈리고추나 오이고추도 한두 포기씩 심는데, 재배법은 일반 고추와 동일하다. 다만 품종이 다른 고추들은 멀찌감치 떨어뜨려 심어야 한다. 가까이 심으면 꽃가루가 서로 섞여 이상한 품종의 고추가 열린다.

　텃밭 농사를 짓는 집 치고 고추를 심지 않는 집은 없다. 고추는 일 년 먹을 양념을 마련하기 위해 심기도 하지만, 한여름 동안 풋고추나 먹겠다고 몇 포기만 심는 분들도 많다. 몇 포기만 심는 가장 큰 이유는 고추는 방제가 어렵기 때문이다. 우리 집은 해마다 밭이랑 두 곳에 40포기 내외의 고추를 심는데, 그 정도면 우리 식구가 일 년 먹을 고춧가루를 만들 수 있는 양이 나온다.

일반적으로 노지 재배의 경우, 고추는 한 포기당 마른고추 반 근 정도를 수확할 수 있다고 한다. 우리 집은 일 년 먹을 고춧가루용으로(김장과 고추장 담그는 것 포함해서) 대략 20근 정도가 필요한데, 역으로 계산하면 고추 40포기만 심으면 가능하다는 말이다.

고추는 밭 재배 작물 중에서 소득이 높은 작물에 속한다. 하지만 소득이 높은 만큼 재배도 힘들고, 또 무더운 한여름에 빨간 고추를 수확하고 건조시키는 일이 그리 만만치만은 않다.

역사다리꼴 지지대를 세우고 고추를 키운다. 고추 크기에 따라 옆줄을 설치해준다

1) 심는 시기

고추는 특히나 추위에 약한 작물이므로 냉해 피해를 입지 않도록 가급적이면 늦게 심는 것이 좋다. 고추는 모종값도 비싼데 기껏 심었다가 냉해 피해라도 입으면 다시 심어야 한다. 우리 집은 보통 5월 초순에 모종을 심곤 했는데, 최근에는 5월 5일이 지나서 늦서리가 온 적도 있으므로 앞으로는 더 늦게 심어야 할지도 모르겠다. 그렇다고 무턱대고 정식 시기를 늦출 수만도 없으니, 해마다 5월이 되면 날마다 날씨

예보를 보며 언제 모종을 심을지 고민을 한다.

그런데 주위 분들을 보면 4월 중순만 되어도 벌써 모종을 심기 시작한다. 그런 모습을 보면 나도 마음이 조급해진다. 처음에는 급한 마음에 남들 따라 일찍 모종을 심기도 했는데, 몇 차례 냉해 피해를 입은 이후로는 5월 초순이 될 때까지 참고 기다린다. 시간도 많고 성격도 급한 농사꾼이 5월이 되기까지 기다렸다가 모종을 심는다는 것은 웬만한 인내심 없이는 아무나 할 수 있는 게 아니다.

참조 텃밭 농사를 짓는 경우, 고추는 모종을 직접 만들기보다는 만들어 놓은 모종을 구입하는 편이 훨씬 경제적이다. 고추는 모종을 키우는데 3개월이나 걸리고, 재배환경을 맞추어주기도 어렵다. 더구나 해마다 개량되어 나오는 종자값도 매우 비싸다. 그래서 대량으로 고추를 재배하는 전문농가들도 고추 모종만큼은 전문적으로 모종을 키우는 분께 위탁을 한다.

2) 밭 만들기

고추밭을 만들 때에는 거름을 듬뿍 줘야 한다. 고추는 거름을 워낙 좋아하는 다비성 식물로, 밭을 만들 때 퇴비뿐만 아니라 비료도 섞어 줘야 한다. 고추밭에서 여름 내내 엄청난 양의 고추를 수확하고 싶으면 그만큼 거름도 많이 줘야 한다.

특히 고추는 추비를 하지 않고서는 제대로 수확을 하지 못한다고 봐야 한다. 그래서 밑거름뿐만 아니라 웃거름도 매달 1회 정도로 8월까지 지속적으로 줘야 한다. 텃밭 농사를 짓는 경우에는 NK비료를(웃거름용으로 보유 중인 비료가 그것뿐이니까) 웃거름으로 주지만, 전문적으로 재배하는 분들은 다양한 기능성 비료를 때맞춰 준다.

처음에는 고추의 키를 키우기 위해 질소 위주의 비료를 많이 주지만, 어느 정도 키가 커지고 나면 그때부터는 마디가 짧고 굵게 자라도록 유도해야 한다. 고추는 수확을 하면서도 계속 꽃이 피므로 때때로 꽃의 분화를 돕도록 인산칼슘을 엽면시비 해주는 게 좋다. 나는 일주일 간격으로 아미노산 액비와 인산칼슘을 교대로 엽면시비를 해준다. 고추 포대에 씌어 있는 비료 성분은 N-P-K 비율이 15-6-8로, 고추는 상대적으로 질소를 많이 필요로 한다.

3) 모종 심는 법

모종을 심기 위해서는 먼저 비닐이나 부직포에 간격을 맞춰 구멍을 뚫어야 한다. 그 다음에 끝이 약간 뾰족한 물건으로 꾹 눌러 흙에 홈을 판다. 나는 홈을 파는 도구를 나무로 만들었다. 대부분의 모종을 심을 때에는 구멍을 깊게 뚫지 않는 것이 좋다. 다만 고추는 키가 커서 초기에 바람에 많이 흔들리므로 조금 깊이 심는 게 좋다. 그리고 모판에서 모종을 뽑아 구멍에 넣고 물을 충분히 주어 뿌리가 흙에 활착이 잘 되도록 해준다. 끝으로, 물이 땅속으로 스며든 이후 구멍이 보이지 않도록 흙으로 가볍게 덮어준다. 가볍게 흙을 덮어주는 게 중요한데, 흙이

고추 모종 심는 법

젖어 있을 때에는 절대로 꾹꾹 눌러주면 안 된다.

참고로, 모판에서 모종을 뽑을 때에는 미리 물을 뿌려 모종을 푹 적셔 놓고, 나중에 작은 포크를 사용해 모종을 뽑으면 쉽게 빠진다.

4) 재식 거리

고추는 대개 45cm 포기 간격으로(우리 집 텃밭의 이랑 간격은 180cm임) 한 줄로 심는데, 가급적 널찍하게 심어야 바람이 잘 통하고 병충해 발생이 줄어든다. 요즘은 더 넓은 줄 간격(2m 간격)으로 심는 분들도 종종 보곤 한다. 면적은 같은데 수량만 많이 심는다고 수확량이 늘어나는 것은 아니다. 간격이 넓으면 고추가 크게 자라고 수확량도 당연히 늘어나게 마련이다.

고추는 초기에 키를 충분히 키우는 것이 중요한데, 그러려면 첫 방아다리(고추 줄기가 Y자로 분화되는 지점) 아래에서 발생하는 곁순은 모두 제거하는 게 좋다. 또 처음 열리는 고추도 떼어주는 것이 성장에 도움이 된다. 곁순은 보이는 대로 바로 제거하기보다는 어느 정도 자랐을 때 제거하는 것이 생육에 더 좋다고 한다.

빨갛게 익은 고추를 먼저 골라 따낸다

곁순을 전혀 제거하지 않고 그대로 두면 아랫부분의 분지가 너무 많아 복잡해지고, 윗가지의 자람은 더디어진다. 키가 작으면 고추가 빨리 열릴지는 몰라도, 덩치가 커져야 나중에 수확량이 늘어난다.

5) 병충해

고추는 병충해 피해가 큰 작물이다. 텃밭에서 풋고추를 수확할 목적으로 고추 몇 포기만 심는다면 방제를 크게 신경 쓰지 않아도 되겠지만(그것도 7월 정도까지만 수확이 가능하다), 빨갛게 익은 고추를 수확하려면 꼭 방제를 해줘야 한다. 특히 고추는 바이러스에 의한 병 피해가 큰데 제일 무서운 것이 탄저병이다. 탄저병은 비가 올 때 빗물에 섞이거나 또는 빗물에 튀긴 흙을 통해서 많이 감염된다.

그래서 고추의 병 피해는 장마 이후에 급속도로 나타나며, 그 확산 속도도 매우 빨라 한 번 감염되면 순식간에 밭 전체로 퍼진다. 판매를 목적으로 고추를 재배하는 분들은 보통 1주일에 1회 방제를 하고 있으며, 장마가 긴 해에는 햇빛만 보이면 수시로 방제를 한다.

 참조 비 가림 재배나 빗물에 흙이 튀지 않도록 멀칭을 해주는 것도 병 피해를 줄이는데 도움이 된다.

그 외에도 고추에 자주 발생하는 병에는 역병이나 풋마름병(청고병)이 있다. 이들 병에 걸리면 아침저녁에는 싱싱해 보이다가도 낮에는 시들어버리며, 결국은 말라죽게 된다. 한 번 병이 발생하면 점차 주위의 고추로 전파되는데, 역병이나 풋마름병은 텃밭이 작아 돌려짓기를 하지 못하는 밭에서 자주 발생한다.

역병이나 풋마름병이 의심되는 고추는 미련 없이 뽑아버려야 한다. 역병 방지를 위해 아인산과 수산화칼륨을 희석해 엽면시비나 관주를 해주면 효과가 있다고는 하는데, 한 번 걸리면 회복되지는 않는다. 실제로 발병된 고추에 수차례 처방을 해보았지만 완전히 회복된 경우는 한 번도 없었다. 위의 처방은 병이 주변으로 전파되는 것을 방지하는 차원에서 하는 것이 좋을 것 같다.

고추 시듦병의 또 다른 원인은 완숙되지 않은 퇴비를 사용했을 때이다. 이 경우 초기에는 아무런 문제가 없어 보이나, 장마철 땅속에 수분이 많아지면 미완숙 퇴비와 만나 가스를 발생시키게 된다. 이 가스가 뿌리에 영향을 주게 된다. 땅속에 물이 많아지면 고추에 해로운 선충 및 미생물이 물을 타고 쉽게 이동하므로 병이 빠르게 퍼지게 된다.

이외에도 고추의 병충해에는 진딧물, 나방류, 노린재, 총채벌레 등 온갖 종류의 해충과 바이러스가 들끓는다고 보면 된다. 고추에 농약을 뿌리지 않고서는 제대로 수확을 할 수 없는 이유다.

끝으로, 병 피해를 줄이기 위해 고추는 수확 후 뿌리를 뽑아 말린 후 불에 태워버리는 것이 좋다. 고추 방제용 농약은 농약사에서 구입할 수 있는데, 방제할 때마다 살충제(해충)와 살균제(바이러스)를 섞어서 뿌려준다.

생리현상으로는 고추 끝이 말라서 비틀어지는 석회 결핍 현상이 있으며, 수분이 부족할 경우에는 아래서부터 자연 낙과가 되는 현상도 발생한다.

6) 고추 수확하기

빨갛게 익은 고추는 골라 먼저 수확을 한다. 보통 3차례 정도 수확하면 끝나는데 두 번째부터 수확하는 고추의 질이 좋다고 한다. 고추는 수확하는 동안에도 계속 꽃이 피고 열매가 열린다. 따라서 날씨가 쌀쌀해져 고추농사를 끝내야 하는 시점에도 파란 고추가 달려 있다.

이때 짙은 파란색의 고추는 수확해 고추 장아찌를 만든다. 약간 붉은 기가 있는 고추는 내버려둔 채 고추의 아래줄기를(뿌리 근처) 잘라주면 서서히 고추가 빨간색으로 물들어 먹을 수 있는 정도로 바뀐다. 짙은 파란색 고추는 빨갛게 변하지 않는다. 고추줄기는 굵어 전지가위로도 자르기 어려우므로 톱으로 잘라주는 게 좋다. 물론 뿌리를 뽑기는 더욱 어렵다.

7) 고추 유인법

고추는 포기마다 엄청나게 많은 고추가 열린다. 고추가 얼마나 많이 열리냐 하면 비가 올 때면 매달린 고추의 무게를 지탱하지 못하고 가지가 찢어져 버릴 정도다. 비닐하우스 안에서 고추를 나무처럼 키워 한 그루에서 2천 개까지 수확하신다는 분도 있는데(자연농업 교육자료 중에서) 평범한 우리에게는 그림의 떡이다.

고추를 재배하려면 어떤 방식으로든 유인을 꼭 해줘야 한다. 고추 유인법에 대해서는 앞서 설명한 '작물별 지지대 설치법'을 참조하면 된다. 물론 어떤 방식을 사용할 것인가는 주어진 환경에 따라 각자가 선택할 일이다.

초기에 힘이 들어도 미리미리 적절한 방식으로 유인줄을 설치해주면 나중에 비가 오고 바람이 불어도 여유로울 수 있다. 예전에 준비 없이 태풍을 맞아 다 쓰러져버린 고추를 세워주느라 고생했던 기억들이 새롭다.

22
토마토

토마토는 추위에 약한 작물로 늦서리 피해가 없는 5월 초순에 심는다. 토마토는 줄 간격 90cm, 포기 간격 60cm로 가급적 넓게 심고 지지대를 세워 줄기를 유인해줘야 한다. 토마토는 곁가지가 많이 발생하므로 원줄기 하나만 남겨놓고 나머지는 보이는 대로 전부 따준다. 연작 피해를 피하려면 3년간 돌려짓기를 해야 한다. 토마토는 병충해가 적어 재배하기에 쉬운 작물로 약산성 토양(pH6.0~6.5)을 좋아한다. 방울토마토의 재배법은 일반 토마토와 동일하다.

토마토 꽃은 많으면 10개까지도 모여서 핀다

토마토는 텃밭 농사 하면 빠지지 않는 작물로 재배하기도 쉽다. 특히 방울토마토는 비가 많이 오더라도 열과현상(터지는 현상)이 발생하지 않으므로 재배가 더욱 용이하다. 나무에 매달린 채 빨갛게 익은 토마토의 맛과 향은 마트에 파는 토마토와는 비교할 바가 아니다(마트에 파는 토마토는 아직 파란색일 때 수확한다).

우리 집에서는 이상하게도 토마토가 잘 자란다. 초보 농사꾼이었던 시절부터 "저 집 토마토 농사만큼은 잘 짓네!"라는 말을 줄곧 들어왔으니까. 보기만 좋은 게 아니라 맛도 있다. 7월 중순경부터 우리 집에 놀러오는 분들은 잘 익은 토마토를 맛보실 수 있는데, 모두들 우리 집 토마토의 진한 향과 감칠맛에 놀라곤 한다.

1) 심는 시기

토마토는 유난히도 추위에 약한 작물이다. 남들 따라 4월 말에 심었다가 늦서리라도 한 번 내리면 한 방에 훅 간다. 가급적이면 늦게, 우리 집에서는 5월 5일이 지난 이후에 토마토를 심는다.

토마토는 모종을 만들기가 어렵고 키우는데 시간도 오래 걸리므로(75~80일) 대부분 모종을 구입해 심는다. 토마토 모종을 구입할 때쯤이면 대개 첫 번째 꽃봉오리가 맺혀 있는데, 모종을 심을 때는 꽃봉오리가 바깥쪽을 향하도록 심는 것이 좋다. 꽃봉오리는 대개 한 쪽 방향으로만 계속 형성되므로(토마토가 바깥쪽으로만 열린다), 나중에 수확하기가 쉽다.

토마토 모종은 씨앗으로 발아한 모종도 있지만 감자에 토마토 순을 접목해 키운 모종도 있다.

2) 밭 만들기

토마토는 예상외로 거름을 많이 필요로 하는 작물이다. 토마토밭을 만들 때에는 퇴비를 듬뿍 넣어주는 것이 좋다. 가급적이면 비료는 사용하지 않는다. 토마토는 재배기간이 길어 웃거름도 줘야 하는데, 웃거름으로 비료를 줄 경우에는 뿌리 근처에 비료가 닿지 않도록 멀찌감치 줘야 한다. 행여 비료가 뿌리에 닿게 되면 토마토가 죽는 경우도 있다고 한다.

나는 웃거름으로 자가제조한 액비를 사용한다. 키토산 액비나 아미노산 액비를 묽게 타서 이따금 밭에 뿌려준다. 꽃이 필 때는 인산칼슘도 엽면시비를 해준다. 이렇게 액비를 주고 키우면 잘 자라기도 하지만, 과일의 맛과 향이 강해진다. 돌이켜보면 우리 집 토마토가 맛있는 이유는 내가 공을 많이 들이기 때문인 것 같다. 토마토 연작 피해를 피하려면 3년간 돌려짓기를 해야 한다.

3) 재식 거리

토마토도 다른 작물과 마찬가지로 여유 있게 공간을 띄우고 심어야 좋다. 나는 토마토를 심을 때 적어도 포기 간격을 60cm는 되도록 심는데, 간격이 넓어야 햇빛도 잘 받고 바람도 잘 통한다. 병충해 피해도 줄어든다. 물론 제한된 텃밭 면적에서 무조건 넓게 심을 수는 없지만, 그래도 60cm는 되어야 나중에 옆에 심은 토마토와 서로 얽히지 않는다. 토마토는 병충해에 강해 그동안 피해를 입은 적도 거의 없다. 나는 토마토를 수확하고 나면 토마토가 열렸던 곳 아래의 잎들은 바람이 잘 통하도록 적당히 따준다. 무슨 작물이든 통풍이 잘 되어야 병이 줄어든다.

4) 토마토 키우기

토마토는 한 개씩 열리는 것이 아니라 뭉쳐서 열매가 열린다. 토마토 화방은 작게는 3~4개, 많으면 10개까지도 모여서 꽃이 핀다. 이렇게 뭉쳐서 열리는 토마토를 한 단이라고 부르는데 아래서부터 순차적으로 1단, 2단이라고 한다. 대개 노지 재배의 경우는 4~5단 정도 키우면 끝나는데, 재배 기술이 늘면 7단도 키울 수 있다.

토마토는 한 포기에 한 줄기만 키워야 한다. 토마토는 매 분지점마다 곁순이 나오는데 조금만 곁순을 늦게 따줘도 곁가지가 원줄기보다 굵어진다(곁가지의 성장 속도가 원줄기보다 빠르다). 따라서 토마토를 제대로 수확하려면 과감하게 곁순을 전부 따버리고 꼭 한 줄기만 남겨야 한다.

토마토 곁순은 병균의 침투 우려가 있으므로 맑은 날 손으로 밀어서 따내어준다. 토마토 곁순은 심지어는 9월까지도 계속 자라므로 한 순간이라도 방심하면 안 된다.

토마토는 꽃이 핀 후 50일이 지나야 빨갛게 익은 토마토가 되므로, 7월 초~중순까지 핀 화방까지만 키우고 순지르기를 한다. 7월 중순 이후에 핀 꽃은 9월 중순이 되어야 수확할 수 있는데, 이때쯤에는 기온이 낮아지므로 더 이상 토마토가 익지 않고 파란 상태로 남는다. 파란 토마토는 애써 키워봤자 맛이 없으므로 버려야 한다.

물론 비닐하우스에서 재배할 경우는 더 오래까지 꽃을 피워도 된다. 다만 텃밭이 작아 토마토밭을 김장밭으로 사용하려면 7월 초순까지만 화방을 키워 수확을 하고, 8월 20일경에 토마토를 뽑아버리면 된다.

5) 생리현상

토마토를 재배하시는 분들의 밭에 가보면 토마토 가운데가 까맣게 썩어 들어가는 배꼽썩음병을 종종 발견하곤 한다. 배꼽썩음병은 바이러스에 의한 병해가 아니라 칼슘 부족에 의한 생리 장애 현상이다. 특히 배꼽썩음병은 칼슘이 부족하기보다는 수분이 부족할 때 많이 발생한다. 수분이 부족하면 땅속에 칼슘이 있더라도 흡수를 할 수 없어 병이 발생한다.

특히 화단^{Raised bed}을 만들 경우 지하수위가 낮아지기 때문에 쉽게 수분 부족 현상이 발생한다. 배꼽썩음병은 일단 증세가 나타나면 치료가 되지 않으므로 보이는 대로 전부 따버리는 게 낫다. 작은 토마토에 증세가 나타나면 나중에 토마토가 커져도 없어지지 않는다.

한 번은(비닐 멀칭을 했을 때) 비가 많이 왔는데도 배꼽썩음병이 발생했다. 그래서 비닐을 찢고 안을 들여다보니 흙이 바싹 말라 있었다. 비닐 멀칭을 한 경우에는 비가 오더라도 수분이 땅속에 스며들지 못하므로 인위적으로 물을 줘야 한다. 예전에 토마토밭을 볏짚으로 멀칭을 해준 적이 있는데, 그때 가장 풍성하게 토마토를 수확했던 것 같다.

화방 끝에서(토마토가 열린 끝에서) 다시 토마토 줄기가 자라는 현상이 발생하기도 하는데, 이는 붕소 결핍 현상이다. 이 줄기는 바로 잘라주는 게 좋고, 일주일 간격으로 2~3차례 붕소를 엽면시비를 해주면 된다. 붕소는 칼슘과 함께 주면 빠른 양분의 이동에 도움이 된다고 하므로, 나는 해마다 예방 목적으로 인산칼슘에 붕소를 섞어 몇 차례 엽면시비를 해준다.

잎이 아래서부터 말려 올라가는 현상도 쉽게 볼 수 있는데, 질소 성분이 많은 밭에서 주로 발생한다. 모든 양분이나 미량요소의 흡수 정도는 토양의 수분에 따라 달라지므로 제일 중요한 것은 수분 관리이다.

반대로, 뿌리썩음병은 물 빠짐이 좋지 않을 때 발생한다. 토마토는 습기가 많은 땅에 심어서는 절대로 안 된다. 또한 충분히 썩지 않은 퇴비를 사용해 염류 농도가 높을 때에도 뿌리썩음병이 발생한다.

토마토가 터지는 열과현상은 건조하다가 갑자기 수분이 많아질 때 나타난다. 따라서 물을 일정하게 공급해주는 하우스 재배보다는 노지 재배인 경우 열과현상이 더 많이 발생한다.

6) 토마토 유인법

제일 쉬운 설치법은 삼각형 지지대이다. 지지대는 2m 길이는 되어야 하고, 60cm 간격으로 지지대를 삼각형으로 세워준다. 지지대가 옆으로 쓰러지지 않도록 삼각형 위에도 긴 막대를 서로 엮어준다. 삼각형 지지대의 양쪽 끝단에 토마토를 심으며, 포기 간격은 지지대에 맞추어 60cm 간격으로 심는다. 토마토 줄기가 자라면 매 40cm 정도 되는 곳마다 지지대에 토마토 줄기를 묶어준다. 이때 작물 유인끈(또는 빵끈)을 사용해 8자 형태로 묶어주면 편리하다.

유인끈으로 8자로 묶어주는 법

삼각형 지지대를 만들 때 제일 큰 장점은 튼튼하다는 것이고, 단점은 키가 커졌을 때 상단이 복잡해진다는 점이다. 또 빵끈을 사용해 비스듬히 세워져 있는 고추 지지대에 8자로 줄기를 묶어주는 것도 좀 번거롭긴 하다(나중에 끈을 풀기도 귀찮다). 하지만 이 방법은 내가 지난 10여 년간 사용하던 이미 검증된 방법이니 믿고 사용하셔도 좋을 것 같다.

삼각형 지지대를 사용한 모습(좌), 긴 줄을 늘어뜨려 유인하는 방법(우)

최근에 긴 줄로 토마토 줄기를 유인하는 방법을 알게 되었다. 비닐하우스에서 대량으로 재배하는 경우는 천정에서 긴 줄을 늘어뜨려 토마토가 줄을 타고 올라가도록 유인해준다. 줄을 늘어뜨려 유인하는 방법은 키가 커져도 상단이 복잡해지지 않는다는 장점이 있다. 또 8자로 줄을 매어줄 필요도 없고, 간단히 토마토 줄기를 줄에 집게로 물려주면 끝이다. 또 상단에 비닐만 씌우면 비 가림 재배도 할 수 있다.

집게를 사용해 토마토 줄기를 줄에 고정시키는 모습

　단점을 말하자면, 노지에서는 줄을 맬 곳이 없으므로 사각형 틀을 미리 만들어야 한다. 지지대만 튼튼하게 만들 수 있으면 이 방법도 꽤나 괜찮은 것 같다. 실제로 이 방법을 사용하고서 태풍이 불어온 적이 있는데(비록 큰 바람은 불지 않았지만), 별 문제없이 잘 버텨주었다. 물론 좀 더 확실한 검증을 하려면 시간이 더 필요하겠지만 말이다.

23
가지

가지는 재배하기 쉬운 작물 중의 하나로 텃밭이 있는 집이면 누구나 심는다. 가지는 늦서리를 피해 5월 초순에 심고, 포기 간격 60cm로 넓게 심어야 병충해 피해를 줄일 수 있다. 물과 거름은 많이 줘야 하고, 한두 포기만 심어도 한 가족이 먹기에 충분할 만큼 수확할 수 있다. 가지는 연작 피해가 심한 작물로 5년간 돌려짓기를 해야 한다. 가지는 약산성 토양(pH6.0~7.3)을 좋아한다.

이웃집 아저씨가 말씀하셨다. "가지도 이렇게 크게도 자라나 보네!"

"가지는 한 포기만 주세요."

"한 포기요? 아무리 적어도 두 포기는 심으셔야죠!"

내가 초보 농사꾼처럼 보였는지 모종 파시는 아주머니는 모종의 수량까지 정해주셨다. 예전 같으면 아주머니의 말발에 넘어갔겠지만 이젠 어림도 없다.

"아뇨. 한 포기면 돼요!"

'모종이 죽어봐야 저런 말을 하지 않지!' 대놓고 말씀은 하지 않으셨지만 그런 표정이시다. 하지만 내 입장에서는 굳이 필요도 없는 모종을 사야 할 이유가 없었다. 돈도 돈이지만 더 중요한 것은 모종을 적게 심는다고 해서 수확량이 꼭 줄어드는 것도 아니란 점이다.

모종을 널찍하게 심으면 그만큼 덩치가 크게 자라니 자연스럽게 수확량이 늘어난다. 단지 한 포기를 심을 때에는 모종이 뿌리를 내릴 때까지는 신경을 좀 써야 한다. 딱 한 포기 심었는데 죽어버리면 그해 가지 농사는 끝장이니까. 하지만 지금까지 가지를 한 포기만 심었어도 죽었던 적은 한 번도 없다.

1) 심는 시기

가지도 추위에 약한 작물이므로 서리 피해가 없는 5월 초순에 심는 것이 안전하다. 가지는 기껏해야 한두 포기 심는 작물이므로 모종을 구입해 심는 게 낫다. 봄에 가지를 심으면 10월까지도 지속적으로 수확할 수 있다.

2) 밭 만들기

가지는 거름을 많이 필요로 하는 작물이다. 그래서 밭을 만들 때 퇴비뿐만 아니라 비료도 섞어줘야 한다. 또 가지는 재배기간이 긴 만큼 밑거름과 웃거름(추비)도 줘야 한다. 웃거름은 한 달에 한 번 정도 NK 비료를 주면 된다. 가지는 pH6.0~7.3의 약산성 토양을 좋아하므로 밭을 만들 때 석회고토를 조금 넣어주는 것이 좋고, 연작 피해가 있으므로 5년간 돌려짓기를 해야 한다.

3) 재식 거리

가지는 1미터가 넘는 넓은 이랑 폭에 한 줄로 심되 포기 간격은 60cm로 심는다. 가지를 넓게 심으면 그만큼 크게 자라며 수확량도 늘어난다. 물론 바람도 잘 통하므로 병충해 피해도 줄어든다. 우리 집에서 키우는 가지는 보통 키가 2미터 넘게 자라는데, 그 이유는 흙도 좋지만 재식 거리가 넓기 때문이다. 물론 가지도 엄청나게 많이 열리고.

4) 지지대 세우기

가지도 지지대를 세워 줘야 하는데 고추 지지대 설치법에서 설명한 방법 중 하나를 선택하면 된다. 우리 집에서는 가지를 한 포기만 심으므로 제일 쉬운 방법으로 가지 옆에 4개의 말뚝을 박고 옆줄을 쳐준다. 가지 줄기가 자라면 옆줄에 고정시켜 주면 된다.

가지 줄기는 2~3개 정도만 키우면 충분하다. 첫 번째 꽃이 피면 바로 아래 2~3개의 곁가지만 키우고 나머지 줄기는 과감히 정리한다. 초기에 가지의 키를 키우려면 첫 번째 열린 가지는 엄지손가락 크기일 때 떼어준다. 나중에 가지가 커지면 엄청나게 많은 곁가지들이 발생하는데, 바람이 잘 통하도록 안쪽으로 향하는 곁가지들은 전부 제거하는 것이 좋다. 또 가지를 수확한 이후에는 그 아래에 있는 잎들은 전부 따주는 것이 통풍에 유리하다.

5) 병충해 피해

가지는 병충해 피해가 적으므로 방제를 하지 않고도 수확할 수 있는
데, 가뭄이 심하면 진딧물이 나타나기도 한다. 늦게까지 가지를 수확
하고 싶으면 1~2차례 방제를 해주면 된다. 가지는 초보자도 거의 실
패하지 않는 재배하기 쉬운 작물이다.

24
오이

오이는 추위에 약한 작물로 늦서리라도 한 번 맞으면 그것으로 끝이다. 그래서 오이는 가급적 늦서리 피해가 없는 5월 초순 이후에 심어야 한다. 오이는 여름 내내 엄청난 양을 수확하므로 그만큼 거름도 많이 줘야 한다. 오이는 넝쿨을 타고 오르므로 지지대를 설치해줘야 하고, 포기 간격 60cm로 넓게 심는다. 오이는 연작 피해가 있으므로 2년간 돌려짓기를 해야 하고, 약 알칼리성 토양(pH5.8~7.0)을 좋아한다.

우리 집은 9월 중순까지도 오이를 수확한다

오이소박이를 무척이나 좋아하는 나는 농사를 시작한 이후 한 번도 오이와 부추를 심지 않은 해가 없다. 내가 얼마나 좋아하느냐 하면, 출장 갔다 돌아오면 나를 위해 준비한 특별 메뉴가 항상 오이소박이와 콩나물 두부된장국이었다. 오이를 4~5포기만 심으면 여름 내내 오이소박이를 담가 먹을 수 있고, 또 이따금 오이절임도 만들 수 있는 양이 나온다.

오이는 6월 말이면 수확을 시작하고 8월에 접어들면 끝물이 된다. 하지만 우리 집에서는 악착같이 오이를 관리하는데(좋아하는 오이를 하나라도 더 수확하려고), 기상이변만 없으면 9월 중순까지도 오이를 수확할 수 있다. 오이는 텃밭이 있는 집에서는 흔히 볼 수 있는 키우기 쉬운 작물이다.

1) 심는 시기

오이는 특히나 추위에 약한 작물이므로 서리 피해가 없는 5월 초순에 심는다. 마지막 서리 내리는 시기가 지역마다 다르므로 날씨를 살피며 가급적 안전한 시기에 심어야 한다. 물론 요즘 같이 예측불허인 날씨에 언제 마지막 서리가 내릴지 누가 알겠냐만. 행여 오이를 심고 늦서리라도 한 번 맞으면 오이는 물에 삶은 것처럼 축 늘어져 거의 회복되지 않는다. 나중에 겨우 살아난다 해도 생육이 부진해 소출이 많이 줄어든다. 그래서 아깝더라도 차라리 새로 모종을 사다 심는 게 더 낫다.

텃밭에 오이를 몇 포기 심는 경우에는 편리하게 모종을 구입해 심어도 되지만, 종자용 오이를 남겨 두었다가 채종해 심을 수도 있다. 단 재래종 오이는 씨앗을 받기가 쉽지만, 시중에 파는 일반 오이는 씨앗을 받기가 어렵다.

　오이도 씨앗을 밭에 직접 뿌려서는 수확 시기가 많이 늦어지므로 모종을 만들어 심는 것이 유리하다. 오이 모종을 만들기 위해서는 3월 말~4월 초순에 모판에 씨앗을 넣고 30~40일 정도 키운 다음, 5월 초순에 밭에 심으면 된다.

　오이는 키가 크게 자라므로 주위 작물에 그림자가 생긴다. 그래서 오이는 밭 가운데에서 키우기는 어렵고, 밭 맨 뒤쪽에 심는다.

2) 밭 만들기

　오이는 질소(N)와 물을 아주 많이 요구하는 작물이다. 그래서 오이 밭을 만들 때는 퇴비와 복합비료를 섞어주는 것이 좋다. 오이는 밑거름만으로는 부족하고 웃거름도 꼭 줘야 한다. 특히 물은 거의 날마다 줘야 하고, 상품성 있는 오이를 수확하기 위해서는 2주에 한 번은 추비로 NK비료를 준다(또는 액비를 줘도 된다). 이렇게 물과 거름만 충분하면 오이는 그냥 내버려두어도 잘 자란다. 오이는 성장 속도도 엄청 빨라서 손가락만 한 오이도 하루나 이틀 후면 다 커져서 수확을 해야 한다.

　어쩌다 잎에 가려 발견하지 못하는 오이도 있는데, 이런 오이는 그냥 내버려두면 노각이 된다. 물론 아내가 좋아하는 노각을 만들기 위해 수확하지 않고 일부러 내버려두는 경우도 있다.

　오이를 9월 중순까지도 수확하려면 파란 잎이 많이 남아 있어야 하는데, 나는 오이의 생장을 돕도록 아미노산 액비나 키토산 액비를 수시로 뿌려준다. 특히 오이밭에는 미량요소와 미네랄액을 뿌려주는 것이 오랫동안 오이를 수확하는데 도움이 된다(미량요소 중 마그네슘이 엽록소 구성요소로 잎을 푸르게 해준다).

오이는 연작 피해가 큰 작물로 최소한 2년 주기로 돌려짓기를 해줘야 한다. 오이는 pH5.8~7.0의 약 알칼리성 토양을 좋아하므로 오이밭을 만들 때는 미리 석회고토를 조금 뿌려주고 심으면 좋다.

3) 재식 거리

오이는 크게 자라므로 포기 간격 60cm로 심는다. 오이는 넝쿨을 타고 자라므로 지지대를 세워주거나 오이망을 설치해줘야 한다.

4) 지지대 세우기

나는 보통 2.5m의 지지대(쇠파이프)를 삼각형으로 세우고, 오이망을 씌워준다. 고추 지지대로는 나중에 무게를 이겨내지 못한다. 처음에는 멋모르고 긴 고추 지지대를 사용했는데 비바람이 불자 지지대가 꺾였고, 급기야 부러지고 말았다. 보조지지대를 세워주는데 비에 젖은 잎과 매달린 오이가 너무 무거워서 엄청 고생을 한 기억이 아직도 남아 있다. 그 이후로는 오이 지지대는 꼭 쇠파이프를 이용해 만든다(오이망을 한 뭉치만 사면 10년 이상 사용할 수가 있는데 가격도 5천원 내외로 저렴하다).

비닐하우스에서 대규모로 재배하는 분들은 천정에서 긴 줄을 늘어뜨려 한 줄로 오이 넝쿨을 유인하며 키운다.

5) 병충해

오이는 바이러스에 의한 피해가 많은데 제일 흔하게 나타나는(거의 피할 수 없는) 것이 바로 '노균병'이다. 늦게까지 오이를 수확하고 싶다면 농약을 뿌려줘야 하는데 오이는 하루도 거르지 않고 수확하는 작물이다. 더구나 껍질째 먹는 채소이니 텃밭 재배를 하면서 농약을 사용한다는 것은 말도 안 된다. 이럴 때 사용할 수 있는 천연자재가 있으니 바로 난황유다.

노균병은 오래된 잎에서 많이 발생하는데 한 번 병이 오면 순식간에 잎 전체로 퍼진다. 나는 예방 차원에서 난황유를 만들어 엽면시비를 해주고, 잎에 조금이라도 병반이 보이면 바로 잎을 떼어낸다. 물론 떼어낸 잎은 멀찌감치 갖다버려야 한다. 이렇게 사전에 예방조치를 취하면 농약을 사용하지 않더라도 제법 오랫동안 푸른 잎을 유지할 수 있고, 늦게까지 오이를 수확할 수 있다.

6) 오이줄기 유인법

오이망을 이용해 재배하는 방법은 오이 한 포기에서 줄기를 두 개만 키운다. 오이를 심고 나면 곁순이 나오기 시작하는데, 이때 원줄기의 끝을 잘라준다. 곁순이 여러 개 발생하더라도 두 개만 남기고 모두 제거해 버린다. 곁순을 모두 키우면 넝쿨이 너무 복잡해지고, 오이가 크게 자라지도 않는다. 오이 한 포기에서 곁순 두 개 정도만 키우면 큰 오이를 오랫동안 수확할 수 있다.

천정에서 긴 줄을 늘어뜨려 재배하는 방법은 주로 시설재배에서 사용하는데 오이 넝쿨을 한 줄기만 키운다고 한다. 오이 집게를 사용해 넝쿨이 줄을 타고 오르게 붙들어준다. 오이가 높게 자라면 줄기를 아래로 끌어내리면 된다. 이렇게 오이를 키우면 나중에 끌어내린 줄기가 4~5미터나 된다고 한다(나도 이 방법을 한 번 시도해볼 생각이다).

오이를 수확하고 나면 시든 잎이 생기기 마련인데, 이 잎들은 통풍이 잘 되도록 따주는 게 좋다. 오이는 마디마다 꽃이 피고 오이가 열린다. 오이 한 개를 수확할 때마다 아래쪽 늙은 잎 1~2개를 따버려야 덩굴이 잘 자란다고 한다.

수분이 부족하면 오이에 쓴 맛이 나고, 질소(N)가 부족하면 오이가 휘는 현상이 발생한다.

7) 이제 어떻게 해야 하지?

대부분 텃밭 농사를 지으시는 분들은 긴 지지대에 오이망을 설치하고 오이를 키운다. 오이는 성장속도도 빨라서 7월 초순이면 이미 넝쿨이 지지대 끝까지 다다른다. 뭔가 붙잡을 것이 있어야 넝쿨이 계속 타고 올라갈 텐데, 아무것도 없는 허공이니 오이 넝쿨이 바람에 허우적거린다. 이제 어떻게 해야 하지? 오이 농사는 여기서부터 차이가 난다.

초보 농사꾼은 잘 모르겠으니 그냥 내버려둔다. 하늘로 치솟던 넝쿨은 쓰러지기 마련이고, 결국은 오이망 윗부분에 걸린다. 오이망 상단이 복잡해지기 시작한다. 이때쯤이면 잎에 흰 반점도 생기고 누렇게 변한 잎도 많아진다. 잎이 너무 많아 매달린 오이가 잘 보이지도 않는다. 며칠만 지나도 줄기가 너무 복잡해져 정리를 하려 해도 엄두가 나질 않는다. 좀 이른 감이 있지만 아무래도 오이 농사를 마감해야 할 것 같다. 그렇다고 올해 오이 농사에 크게 불만도 없다. 이 정도면 올해도 오이를 많이 따 먹었으니까!

물론 이렇게 농사를 지으셔도 뭐라고 할 사람은 없다. 내 텃밭에서 내 마음대로 짓는 농사이니까! 그런데 조금만 신경 쓰면 좀 더 오랫동안 오이를 지속적으로 수확할 수 있는 방법이 있다.

흔히 사용하는 방법으로, 오이가 그물망 끝에 도달하면 더 이상 오이가 자라지 못하도록 순지르기를 한다. 그러면 줄기 아래에서 많은 겉순들이 나오는데 맨 아래 겉순 한두 개만 처음부터 다시 키우면 된다. 이때 중요한 것은 나머지 겉순들은 과감하게 다 떼어내야 한다. 아깝다고 내버려두면 나중에 줄기가 너무 복잡해지고 오이도 덜 달린다.

오이가 망 끝단에 닿으면 아래서 나오는 겉순을 처음부터 다시 키우면 된다

또 다른 방법은 오이 끝부분을 다시 아래로 내려주는 방법이다. 이미 오이 넝쿨손이 복잡하게 얽혀 있으니 가위로 넝쿨손을 잘라내면서 줄기를 아래로 끌어내려야 한다. 그 줄기를 아래서부터 다시 키우면 된다.

실제로 해보면 오이망에 잎이 꼬여 줄기를 끌어내리는 일이 쉽지만은 않다. 우리 집 오이는 어쩔 수 없이 첫 번째 방식처럼 순지르기를 한 오이도 있고, 아래로 억지로 줄기를 끌어내린 오이도 있다.

25
피망, 파프리카

피망이나 파프리카는 열대성 작물로 추위에 약하므로 모종은 서리 피해가
없는 5월 초순에 심는다. 이들 작물도 지지대를 세워줘야 하는데 지지대를
고추처럼 세워줄 수도 있지만, 천정에서 늘어뜨린 줄로 유인하는 방법도 있
다. 재식 거리는 유인법에 따라 달라진다. 약산성 토양(pH5.5~7.0)을 좋아하
고, 연작 피해가 있으므로 3년간 돌려짓기를 해야 한다. 피망이나 파프리카
도 고추의 한 종류이므로 재배 시 거름(밑거름 및 웃거름)을 많이 줘야 한다.

고추처럼 옆줄을 띄어준 방법(좌), X자 지지대를 세워준 방법(우)

아내에게 피망 2포기만 사오라고 부탁을 했는데 갑자기 피망 2포기와 파프리카 4포기를 들고 나타났다.

"아니, 파프리카는 뭐야? 어떻게 심는지도 모르는데."

"그냥 피망 하고 똑같이 심으면 된대!"

모종이 서로 엇비슷하게 생겨 구분하기도 힘들더니만 재배법도 같은 모양이다. 피망과 파프리카를 구분하는 방법은, 피망은 초록색과 붉은색 두 가지 열매가 열리지만 파프리카는 붉은색, 노란색, 주황색, 초록색 등 다양한 색상으로 열매가 열린다는 차이가 있다. 또 다른 차이점은 피망은 약간 얇고 매콤한 향이 나고, 파프리카는 약간 두껍고 (아삭아삭하고) 달달한 맛이 난다고 한다. 물론 모종인 경우에는 이름표가 없으면 전혀 구분이 되지 않는다.

피망이나 파프리카는 요즈음 귀농하신 분들이 비닐하우스 안에서 시설재배를 많이 한다. 텃밭에서도 몇 포기쯤 재배하는 것도 괜찮아 보인다. 물론 먹기 위해서지만, 알록달록하고 예쁜 색상으로 텃밭이 더욱 풍요로워 보이니까 말이다.

1) 심는 시기

피망/파프리카는 열대성 식물로 추위에 약하므로 서리 피해가 없는 5월 초순에 심는다. 보통 열매는 7월 말부터 수확을 시작할 수 있는데, 온도만 맞추어주면 11월 초순까지도 수확할 수 있다고 한다. 너무 뜨거운 것보다는 약간의 그늘이 도움이 된다고 하니 비닐하우스 안에서 재배하기에 딱 좋아보인다. 고추처럼 모종을 직접 만들기는 어렵고, 그냥 몇 포기 시장에서 모종을 구입해 심는 게 낫다.

2) 밭 만들기

피망/파프리카는 약산성 토양(pH5.5~7.0)을 좋아한다. 고추와 마찬가지로 거름을 많이 필요로 하는 작물이므로 웃거름도 줘야 한다. 가지과식물(예: 고추, 토마토)에서 많이 나타나는 배꼽썩음병도 발생한다고 하니 물도, 칼슘제도 많이 줘야 한다. 피망/파프리카는 연작 피해도 있어 한 번 심었던 자리는 3년이 지난 이후에 다시 심어야 한다.

3) 재식 거리

피망이나 파프리카는 어떻게 키우느냐에 따라 재식 거리가 달라진다. 고추처럼 지지대를 세우고 키울 경우에는 재식 거리 50cm 정도로 넓게 띄어줘야 한다. 큰 줄기도 고추처럼 많이 남겨놓지 말고 2~3개만 키워야 한다. 분지 수가 많아지면 키가 크게 자라지도 못하고 너무 복잡해진다.

또 다른 방법으로는 천정에서 긴 줄을 늘어뜨려 피망이나 파프리카가 줄을 타고 올라가게 유인을 해준다. 한 포기당 줄기는 한 개만 키운다. 이 방식으로 재배를 할 때 재식 거리는 포기 간격 40cm면 된다.

4) 재배 후기

처음에 피망이나 파프리카는 고추처럼 심으면 되겠지 싶었다. 그래서 밭이랑에 한 줄로 포기 간격 40cm로 심었는데 자라면서 줄기가 너무 복잡해졌다. 그 당시 고추처럼 큰 가지를 5~6개 키웠는데, 피망과 파프리카는 고추와는 비교가 되지 않을 정도로 잎과 열매가 컸다.

시간이 지나니 곁가지도 엄청 많이 나왔고, 열매도 주먹만 한 크기이니 서로 눌리고 줄기에 끼어서 찌그러지기도 했다. 바람도 잘 통하지 않으니 심지어는 썩는 것도 발생했다. 아무리 봐도 뭔가 잘못된 것 같다. 뒤늦게 전문가들은 어떻게 심는지 찾아봤다.

전문가들이 비닐하우스에서 재배하는 사진을 보니, 파프리카는 천정에서 늘어뜨린 줄을 타고 자라고 있었다. 피망이나 파프리카는 원래 저렇게 심는 건가? 아무리 봐도 우리 집처럼 고추들 틈에서 짓눌리며 자라는 작달막한 파프리카는 없었다.

아무래도 천정에서 줄을 길게 늘어뜨리고 토마토 집게로 줄기를 줄에 유인하는 방법이 최선인 것 같다. 이처럼 줄 유인법을 사용할 때에는 한 포기당 줄기를 한 개씩만 키우는 것이 두 개를 키우는 것보다 소출이 늘어나고 착색도 잘 된다고 한다. 다만 텃밭에서는 사각형 지지대를 설치해야 사용할 수 있는 방법이다.

26
수박

수박은 추위에 약하므로 모종은 5월 초순에 심는 것이 안전하다. 수박의 재식 거리는 폭이 2.4m인 평이랑에 포기 간격 60cm로 심는다. 수박은 거름도 많이 줘야 하며, 산성 토양(pH5.5~6.5)을 좋아한다. 연작 피해를 줄이려면 5년간 돌려짓기를 해야 한다. 5월 초순에 심은 모종은 수정이 된 이후 2개월이 지난 8월 초순~중순경이 수확 적기가 된다.

작은 수박이 달린 꽃이 암꽃이고, 없으면 수꽃이다

수박을 재배할 때 벌이 없으면 인공수분을 시켜줘야 한다고 배웠다. 그런데 그동안 수박의 암꽃과 수꽃을 한 번도 본 적이 없었다. 인터넷을 뒤져봐도 온통 노란 꽃 사진들뿐이고, 딱 부러지게 암꽃과 수꽃을 설명한 자료는 찾을 수가 없었다.

수박 농사를 망쳐놓고 나서야 뒤늦게 전문가를 만날 수 있었다. 전문가는 수박 꽃을 보며 설명을 해주었다.

"이 수박이 결실이 된 것 같으세요?"

"그럼요, 수박이 열렸는데요."

어라? 그런데 그게 아니란다. 설명에 의하면, 작은 수박이 달린 것이 수박 암꽃이고, 없는 것이 수꽃이란다. 원래 그렇게 생겼다는 말이다. 그리고 암꽃이 수정이 되면 달려 있는 수박이 커지지만 수정이 되지 않으면 수박이 시들어 떨어져 버린다고 한다. 수박 암꽃은 수정이 된 것도 아니면서 왜 작은 수박을 매달고 있어 그동안 나를 헷갈리게 만들었는지 모르겠다.

1) 심는 시기

수박은 추위에 약한 작물로 늦서리를 피할 수 있는 5월 초순에 심는다. 판매용으로 재배하는 분들은 빠른 수확을 위해 비닐하우스 안에서 재배를 하지만, 노지에서 재배하려면 5월 초순까지 기다렸다가 모종을 심어야 한다. 또 수박은 모종을 직접 만들기보다는 시장에서 몇 포기 구입해 심는 것이 효율적이다.

비닐하우스가 있으면 수박은 가을 재배도 할 수 있는데, 7월 초순에 모종을 심으면 9월 중순 이후에 수확할 수 있다.

2) 밭 만들기

수박은 거름을 많이 필요로 하므로 밭을 만들 때 퇴비와 비료를 섞어서 준다. 그 이후에도 2~3차례 정도 추비를 해줘야 하는데, 추비로는 NK비료를 준다(또는 액비를 준다). 비닐 멀칭은 꼭 해주는 것이 좋은데 그냥 심었다가는 풀 뽑느라 애먹는다. 또 비닐 멀칭 위에는 수박 넝쿨이 감고 자랄 수 있도록 검은색 차광막을 깔아주면 좋다(옛날처럼 볏짚을 깔아주고 키울 수 있으면 좋은데, 요즘은 시골에서도 볏짚 구하기가 힘들다). 수박은 pH5.5~6.5의 산성 토양을 좋아하므로 석회고토는 주지 않고 심는다. 연작 피해를 피하려면 5년간 돌려짓기를 해야 한다.

3) 재식 거리

수박 심을 밭은 이랑 폭을 2.4m로 넓게 만들어야 한다. 포기 간격은 60cm 정도로 널찍하게 심는다. 첫 해는 2.4m 밭이랑의 한 쪽 끝단에 수박 모종을 심고 넝쿨은 반대쪽 방향으로 길게 키운다. 그 다음 해에는 반대쪽 끝단에 수박 모종을 심는다. 이런 식으로 재배를 하면 한 이랑에서 2년간 재배할 수가 있다. 그 이후는 다른 곳으로 자리를 옮겨 심어야 하고.

4) 수박 키우기

수박 원줄기(어미넝쿨)의 끝단을 순지르기를 해주면 곁순(아들넝쿨)이 많이 나오는데, 이들 중에 곁순 2개만을 키운다. 다른 곁순들은 다 제거를 해준다. 이것은 오이나 단호박에도 사용하는 공통된 방법이다.

전문가들은 포기당 곁순 2개만 키워 긴 넝쿨을 만들고, 수박은 넝쿨당 한 개씩만 남긴다고 한다. 수박이 열리는 위치는 넝쿨 끝부분으로, 넝쿨 16째 마디 이후에 수박이 열리게 해야 맛도 좋고 과일도 커진다고 한다. 중간에 나오는 무수한 곁순들은 보이는 대로 전부 따줘야 한다.

물론 수박 넝쿨을 그냥 내버려두어도 수박은 열린다. 그것도 한두 개가 아니라 아주 많이 열린다. 단지 수박이 작아지는 게 흠이다.

수박이 열리면 땅에 닿지 않도록 받침대를 깔아줘야 나중에 수박이 썩지 않는다. 수박은 수정이 되고 2개월 정도 지나야 수확할 수 있으므로, 노지 재배의 경우 8월 초순~중순경이 수확 적기이다.

27
고구마

고구마는 사질 토양에서 잘 자라는데, 늦서리 피해가 없는 5월 초순에 고구마순을 심는다. 고구마는 연작 피해도 없고, 산성 토양(pH5.5~6.8)에서 잘 자라므로 석회고토도 주지 않는다. 특별히 병충해 피해는 없지만 굼벵이 피해가 있는 곳은 토양 살충제를 뿌려주고 심는 것이 좋다. 고구마는 품종에 따라 재식 거리가 달라진다. 고구마는 질소 성분은 조금만 줘도 되지만 가리 성분은 많이 필요로 한다.

고구마는 상처가 나지 않도록 호미로 살살 캐야 한다. 포크로 콱콱 찍지 말고!

우리 집 위쪽의 언덕에 있는 99173m²(3만평)나 되는 넓은 땅은 고구마밭이다. 전문적으로 고구마를 재배하시는 분이 짓는 농사인데 고구마를 심는 시기도, 방법도 우리와는 다르다. 먼저 두둑을 만들고, 두둑 가운데 골을 얕게 판 다음에 고구마순을 늘어놓고 흙을 부분적으로 덮어준다. 그리고 흰 비닐을 씌우는데, 나중에 기온이 올라가면(서리가 내리지 않을 시기에) 비닐을 찢고 고구마 싹을 꺼내준다.

고구마는 그냥 내버려두어도 잘 자라는 줄 알았는데, 그 이후로도 자주 고구마 밭에 찾아오셨다. 풀을 뽑아주는 건 알겠는데, 멀리서 보니 농약도 뿌려주는 것 같았다. 어느 날 고구마 전문가와 이야기할 기회가 생겼다.

"고구마 밭에도 농약을 뿌려줘요?"

"아뇨. 농약이 아니라 영양제예요."

상품성 있는 고구마를 만들기 위해서는 영양제도 뿌려줘야 하나 보다. 우리 집은 고구마 한 단(100포기)을 심는데 가을에 고구마 30~40kg을 수확할 수가 있으니 우리 식구가 겨우내 먹기에는 충분한 양이다.

1) 심는 시기

고구마는 추위에 약하므로 서리 피해가 없는 5월 초순 이후에 심는다. 고구마 심는 시기는 비슷하지만 품종에 따라 수확 시기는 달라진다. 밤고구마는 재배기간이 100~120일로 다소 빠른 반면, 꿀고구마(베니 하루카)는 110~130일, 호박고구마는 130일 이상으로 제일 길다. 고구마는 10월 중순 서리가 내리기 전까지 수확을 끝내야 한다.

고구마 넝쿨이 우거지지 않게 한다고 6월에 고구마순을 심는 사람도 봤다. 수확량이 어떤지는 잘 모르겠다. 실험을 해보고도 싶지만, 조바심 많은 나는 그렇게 늦게까지는 못 기다린다. 혹시 농사 망칠까 봐서.

2) 밭 만들기

고구마는 거름을 주지 않더라도 잘 자란다는 분들도 계시다. 하지만 거름기 없는 땅에서는 절대로 상품성 있는 고구마를 만들어내지 못한다. 다만 고구마 밭에는 질소(N) 성분이 엄청나게 들어 있는 복합비료를 주어선 절대로 안 된다. 질소 성분이 많으면 고구마는 잎만 무성해지고 정작 고구마는 별로 달리지 않는다.

전문적으로 고구마를 재배하시는 분들은 고구마 비료라는 것을 사용하는데, 고구마 비료를 보면 7-7-18이란 숫자가 씌어 있다. 이 말은 고구마를 재배하는 데는 질소나 인산보다는 가리를 더 많이 줘야한다는 말이다. 고구마 밭을 만들 때는 퇴비 위주로 주되 추비로 인산가리나 황산가리를 조금 섞어주는 것이 좋다고 한다. 특히 웃거름으로 수확 40~50일 전에 황산가리를 엽면시비 하면 수확량이 늘어난다고한다. 우리 집 위쪽 언덕의 고구마밭에 뿌려준 영양제도 틀림없이 인산가리나 황산가리임에 틀림없다. 물론 그냥 퇴비만 주고 심어도 웬만큼은 수확할 수 있다.

3) 재식 거리

고구마는 크게 키운다고 잘 키우는 게 아니다. 손바닥 길이 정도 크기의 고구마가 최상품으로 먹기도 좋고 가격도 좋다. 오히려 큰 고구마는 완전히 헐값으로 음식점 등으로 판매가 된다. 그래서 적정 크기의 고구마를 만들어내야 하는데, 고구마는 심는 간격으로 크기를 조정한다. 가까이 심으면 작아지고, 멀리 심으면 커진다.

호박고구마와 꿀고구마는 15cm 간격으로 밀식재배를 하고, 밤고구마는 20cm 간격으로 심는다. 간혹 중간에 죽은 싹이 있으면 그 양옆의 고구마는 저절로 왕고구마가 되어 버린다.

4) 고구마순 심는 법

고구마순은 비스듬히 심는다. 고구마 심는 방법도 예전과 달리 많이 발전한 것 같다. 동네 철물점에 가면 꼬챙이처럼 생긴 고구마 심는 도구를 구할 수가 있는데, 도구를 고구마 줄기에 대고 비스듬히 꾹 눌러주면 된다. 고구마순을 심을 때에는 비닐 위에 흙을 덮어주어 고구마 잎이 비닐에 직접 닿지 않도록 해줘야 한다. 처음에 고구마 잎은 죽는 것처럼 시들지만, 며칠 지나면 새순이 나온다.

고구마밭에는 비닐을 씌우는데, 물을 충분히 주고 비닐을 씌우거나 비가 온 이후에 비닐을 씌운다. 밤고구마는 웬만해서는 죽지 않지만 호박고구마는 잘 죽으므로 심을 때 물을 조금씩 주며 심는 게 좋다.

고구마는 윗마디 4개 정도를 남기고 흙 속에 줄기를 비스듬히 심는다. 윗마디 끝을 조금 꺾어 심으면 고구마가 더 많이 열린다고 한다. 키토산 액비를 관주해주면 약 40% 증수 기록도 있다고 하니, 역시 뿌리채소에는 키토산 액비가 최고인 것 같다.

 참조 호박고구마는 심고 나서 많이 죽는데, 고구마순을 황산가리 용액에 (고구마 잎은 닿지 않게) 담갔다가 심으면 생존율이 높아진다고 한다.

이따금 고구마순을 심은 틈새로 풀이 삐죽 나오기도 하는데, 이 풀들은 제거해줘야 한다. 나중에 이 풀들이 크게 자라면 그곳에는 고구마가 없거나 아주 부실해진다. 고구마는 잎이 너무 무성하면 고구마가 크지 못하므로 적당히 순을 쳐주는 게 좋고(별 차이가 없다는 이론도 있다. 난 그냥 내버려두는 쪽이다), 서리가 오기 전에 모두 수확해야 한다. 고구마의 저장은 23~25℃ 정도를 유지하는 창고에 두면 오래 보관할 수 있다.

고구마는 수확 후 처음에는 전분만 있어 단맛이 별로 없지만, 시간이 지나가면 전분이 당분으로 변환된다. 그래서 고구마는 수확 후 시간이 오래될수록 단맛이 강해진다. 또 찐 고구마보다는 구운 고구마의 당도가 더 강해진다.

28

서리태, 메주콩

농사짓기 제일 쉬운 작물이 콩이라고 한다. 메주콩이나 서리태는 6월 중순경에 심는데, 퇴비만 조금 주고 복합비료는 절대로 주어서는 안 된다. 재식거리는 이랑 간격 85cm, 포기 간격 25cm로 심는다. 콩은 밭에 직파를 하며, 보통 2~3알씩 심는다. 노린재 피해를 줄이려면 적어도 1회 방제를 해야 한다. 메주콩은 서리가 내리는 10월 말경부터 수확을 하고, 서리태는 된서리가 내리는 11월 초순부터 수확을 한다. 콩은 약산성 토양(pH6.0~6.5)을 좋아한다.

콩잎(좌)과 서리태(중), 메주콩(우)

돈벌이는 되지 않고 힘만 드는 몇 번의 농사를 경험한 이후, 농사짓기 쉬운 작물이 무엇인지 여기저기 묻고 다녔다.

"콩이 쉬워. 그냥 밭에 콩을 몇 개씩 넣기만 하면 되거든!"

이 의견이 제일 많았던 것 같다. 그래, 콩을 심자! 예전에 고구마를 심었던 밭에 서리태와 메주콩을 절반씩 심었다. 처음에는 정말 쉬워 보였다.

가을이 되어가자 슬슬 걱정이 되었다. 그런데 어떻게 수확을 하지? 콩을 수확하는 것도 만만치가 않은데, 콩을 털어내는 일은 대책도 없다. 그 많은 콩을 도리깨로 일일이 털어낼 수도 없고, 콩 터는 기계는 물론 남들은 다 갖고 있는 트럭조차 없다. 남들에게는 콩 재배가 쉬워 보여도, 소규모 텃밭 농사를 짓는 사람에게는 분명히 한계가 있다.

1) 심는 시기

서리태와 메주콩은 보통 6월 중순경에 심는다. 메주콩은 서리가 내리는 10월 말경부터 수확을 하고, 서리태는 된서리가 내리는 11월 초순부터 수확을 한다.

2) 밭 만들기

거름은 퇴비만 조금 주고 심는다. 복합비료를 주면 웃자라므로 절대로 주지 말아야 한다. 전문농가에서는 콩 비료라고 N-P-K 비율이 5-20-10인(질소 성분은 적게 들어 있고, 인산 성분은 많이 있는) 기능성 비료를 사용한다.

3) 재식 거리

비닐을 씌우고 심되 재식 거리는 포기 간격 25cm로 심는다. 서리태
는 뿌리가 좌우로 70cm까지 뻗는다고 하니 이랑 폭이 적어도 70cm
이상은 되어야 한다. 혹시 새가 파먹더라도 여유 있게 3알씩 심는다.
노린재는 콩 꼬투리가 형성될 때 극성을 부리므로 쭉정이를 만들지 않
으려면 이때 한 번은 방제를 해야 한다.

29

멜론, 참외

A. 멜론

멜론은 온도에 민감한 작물이므로 중부지방에서는 초여름 재배를 많이 한다. 한 줄로 심을 경우 포기 간격 40cm로 심는다. 거름은 그리 많이 주지 않아도 되고, 약산성 토양(pH6.0~6.5)을 좋아한다. 넝쿨을 타고 올라가므로 지지대나 유인줄을 설치해줘야 한다. 멜론은 수분이 많으면 당도가 떨어지므로 비 가림 재배를 많이 하는데, 연작 장애가 있으므로 3년 주기로 돌려짓기를 해야 한다.

멜론은 무게가 많이 나가므로 오이망으로는 어림도 없다

갑자기 멜론 모종을 얻었다. 그런데 한 번도 멜론을 심어본 적도, 멜론이 자라는 모습을 본 적도 없으니 난감하기 그지없었다. 도대체 멜론은 어떻게 심는 거지? 모종을 얻어다준 지인이 단호박처럼 심으라고 해서 오이망을 설치하고 멜론을 심었다. 나중에 멜론이 열리면 끈으로 묶어주면 되니까. 또 비 가림 재배가 좋다고 하므로 비닐하우스 안에 심었다. 과연 처음 심은 멜론을 먹을 수 있을까?

1) 심는 시기

전문적으로 멜론을 재배하시는 분이 심으라고 주셨으니 우리 동네에서는 6월 말경이 멜론을 심는 적정 시기인가 보다(내가 멜론을 심은 날짜는 7월 2일이다). 멜론은 온도에 민감하므로 온도를 조절할 수 있는 시설재배가 아니라면 아무 때나 심을 수 없다고 한다. 그래서인지 중부지방에서는 주로 초여름 재배를 많이 한다.

모종을 키우는데 20~25일 정도가 걸린다고 하니, 만약 모종을 만들려면 6월 초순에 모판에 씨앗을 넣어주면 될 것 같다. 물론 텃밭 재배의 경우에는 시장에서 모종을 몇 포기 구입하는 편이 훨씬 낫다.

2) 밭 만들기

거름이 많을 필요는 없지만 칼슘(Ca)과 마그네슘(Mg)은 넉넉히 주라고 한다. 그래서 퇴비와 미량요소를 조금 뿌려주었다. 토양 산도는 pH6.0~6.5의 산성 토양을 좋아하므로 석회고토는 조금만 주면 된다. 멜론은 연작 피해가 있으므로 3년간 돌려짓기를 해야 한다. 또 수분이 너무 많으면 당도가 떨어지므로 노지 재배보다는 비 가림 재배가 좋다고 한다.

3) 재식 거리

멜론의 재식 거리는 40cm가 적당한 것 같다. 멜론의 넝쿨을 유인하기 위해서는 튼튼한 그물망을 사용해도 되지만, 전문가들이 하는 것처럼 천정에서 긴 줄을 늘어뜨려 넝쿨을 줄에 유인해줘도 된다. 멜론이 열리면 멜론이 무거운 만큼 따로 묶어줘야 한다.

멜론 한 포기에 몇 개를 수확할 것인가에 따라 순지르는 법이 달라진다. 텃밭 재배의 경우 넝쿨을 두 개만 키우고, 넝쿨 하나에 멜론 한 개를 달면 충분할 것 같다. 혹시 모르니 꽃이 피었을 때 인공수분도 시켜줘야 한다.

나는 수박을 재배하면서 이미 크게 놀랐으니, 인공수분은 평생 농사짓는 동안은 잊으려 해도 잊을 수 없을 것 같다. 작은 멜론이 달린 게 암꽃이니, 수정되었다고 착각하고 나머지 수꽃들을 따버리면 절대로 안 된다.

4) 재배 후기

아침마다 밭에 나가면 제일 먼저 수꽃을 따서 암꽃에 인공수분을 시켜주었다. 벌도 별로 없었는데 나중에 보니 엄청나게 많은 멜론이 열렸다. 내가 인공수분을 많이도 시켜주었나 보다. 포기당 2개의 멜론을 남기고, 아깝지만 나머지는 전부 떼어 버렸다(포기당 작은 멜론 4~5개는 제거한 것 같다).

멜론이 내 키만큼 자랐을 때(보통 잎이 20~25개일 때), 더 이상 자라지 못하도록 넝쿨 끝부분을 잘라주었다. 멜론은 줄기 중간쯤에 착과시키는 것이 제일 좋다고 한다. 그런데 멜론 한 포기에서는 아래쪽에 열린 멜론이 더 커 보이므로 위에 열린 작은 멜론을 따버렸다. 나중에 보니 치음에 제일 커 보였던 아래쪽 멜론이 전체 수확한 멜론 중에서 제일 작았다. 이래서 전문가의 말을 들어야 한다.

멜론은 곁순도 많이 나오는데 거의 토마토 수준이다. 따라서 중간 쯤에 멜론이 열리면 그 이후로 보이는 곁순은 다 제거해줘야 한다. 며칠만 들여다보지 않으면 곁가지가 나와 있고, 심지어는 작은 멜론도 달려 있다. 곁가지를 방치하면 상품성 있는 멜론은 한 개도 수확할 수 없게 된다.

나중에 제법 그럴 듯해 보이는 큼직한 멜론을 만들어내는 데는 성공 했는데 맛은 별로였다. 당도가 예상외로 높지 않았다. 아마도 내가 물을 너무 많이 주었나 보다. 멜론 재배가 그리 어렵지는 않았는데, 상품성 있는 멜론을(맛도 있는) 만들어내는 건 그렇게 만만한 게 아닌 것 같다.

B. 참외

참외 재배법은 멜론 재배법과 거의 동일하다. 다만 참외의 경우 재식 거리는 60cm 정도로 심는 것이 좋다. 또 다른 차이점은 멜론은 넝쿨이 타고 올라갈 유인줄이나 그물망을 설치해 주지만, 참외는 넝쿨이 바닥으로 뻗어가도록 해준다. 멜론처럼 넝쿨 2개(아들넝쿨)를 길게 키우되 곁순(손자넝쿨)을 전부 제거하지 말고 띄엄띄엄 키운다. 이 손자넝 쿨에 참외가 한 개씩만 열리게 하면 된다. 손자넝쿨은 4~5마디까지만 키우고 더 이상 자라지 못하도록 끝을 잘라준다.

참외밭에는 넝쿨이 뻗기 좋도록 볏짚을 깔아주면 좋은데, 요즘은 볏짚 구하기도 힘들다. 대신 참외밭에 비닐을 씌우고 그 위에 검은 차 광막을 덮어줘도 된다.

30
김장 배추

배추는 서늘한 날씨를 좋아하는 작물로 8월 25일 전후로 심는다. 재식 거리는 줄 간격 45cm, 포기 간격 45cm로 심는데 큰 배추를 만들고 싶으면 간격을 더 넓게 심어야 한다. 배추밭에는 꼭 붕사를 뿌려줘야 나중에 결핍 증상을 피할 수 있다. 배추는 약산성 토양(pH6~6.5)을 좋아한다. 배추는 파종 시기가 너무 빠르면 병충해가 발생하기 쉽고, 너무 늦으면 결구가 되지 않는다. 배추는 거름을 좋아하므로 밑거름뿐만 아니라 추비도 줘야 한다.

배추밭 가운데에 달팽이 유인 트랩을 만들어 놓았다

김장 배추는 재배기간에 따라 흔히 60일 배추와 90일 배추로 나눈다. 60일 배추(조생종)는 빠른 수확이 가능하기에 남부지방에서 대량 재배하시는 분들이 많이 심는 배추다. 우리 집 텃밭에 심는 김장 배추는 8월 하순에 심어 11월 중순 이후에 수확하는 90일 배추(만생종)다.

처음 텃밭 농사를 시작하며 비료는 사용하지 않고 퇴비만으로 농사를 짓겠다고 생각했다. 그래서 배추를 심을 때에도 퇴비만 뿌려주었는데 도대체 얼마나 줘야 하는지 알 재간이 없었다. 내 나름대로 넉넉하게 준다고 밭 한 이랑(약2.5평)에 퇴비 2포대를 뿌려주었다. 그 정도면 충분할 거라고 생각했다.

처음에는 분명히 잘 자랐는데 시간이 지나자 배춧잎이 누렇게 뜨기 시작했다.

"배추가 갑자기 왜 이러지?"

동네 어른이 지나가시다가 말씀하셨다.

"거름 부족이야. 비료 좀 줘!"

뒤늦게 NK비료를 구입해서 뿌려주었다. 그리고 내린 결론은, 배추는 퇴비만으로는 큼직한 배추를 만들기 어렵다. 물론 큰 배추가 최고는 아니라지만.

1) 심는 시기

중부지방의 경우 대략 8월 25일경에 심으면 된다. 보통 8월 25일을 기준으로 날씨가 서늘한 편이면 배추 모종을 며칠 빨리 심고, 덥다 싶으면 며칠 늦게 심는다. 배추를 심고 고온 다습한 날씨가 계속되면 무름병이 발생하기 쉽고, 그렇다고 너무 늦게 심으면 배추 속이 제대로 차지 않는다. 그래서 날씨를 지켜보며 배추 심는 날짜를 결정한다.

2) 밭 만들기

배추는 거름을 많이 필요로 하는 작물이다. 그래서 배추밭을 만들 때면 항상 퇴비에 복합비료를 조금 섞어서 뿌려주고 있다. 물론 모종을 심고 나서 한 달 간격으로 1~2차례 추비도 줘야 한다.

비료가 땅에서 비료로 작용하는 기간이 한 달 정도라고 하니(퇴비는 더 오래가는데 거름발이 약하다), 추비를 하지 않으면 질소 부족 현상으로 배추 잎이 누렇게 변한다. 다만 밭마다 비옥도가 다르므로 무조건 추비를 주기보다는 잎의 상태를 보며 판단하는 게 좋다. 잎이 짙은 녹색이면 추비 주는 시기를 늦추고, 연한 녹색이면 추비를 준다.

추비는 퇴비(완효성 비료)가 아닌 NK비료(속효성 비료)를 사용해야 하는데, 작은 스푼으로 하나씩 배추로부터 한 뼘쯤 떨어진 곳에 넣어주면 된다. 비료 대신 아미노산 액비와 키토산 액비를 뿌려줘도 효과가 크다. 예전에 시험 삼아 추비로 NK비료를 한 차례 주고 액비를 몇 차례 뿌려준 적이 있는데(재식 거리도 60cm로 넓게 심었다), 그때 배추 한 포기에 9.5kg이라는 신기록을 세운 적이 있다.

배추 한 포기의 무게가 9.5kg이다

3) 재식 거리

나는 폭이 85cm인 화단Raised bed에 배추를 두 줄로 심는다. 줄 간격 45cm, 포기 간격 45cm로 심는데 심는 간격에 따라 배추 크기를 조절할 수 있다. 만약 큰 배추를 원하면 포기 간격을 더 넓게 해주면 된다.

대부분 배추는 텃밭에 검은 비닐을 씌우는데, 모종을 심을 때 주의해야 할 사항은 배추 모종 주위에 충분히 흙을 덮어주어 배추 잎이 비닐에 직접 닿지 않도록 해줘야 한다. 만약 한낮에 배추 잎이 늘어져 비닐에 닿기라도 하면 배추 잎이 하얗게 타버린다.

김장 무나 배추를 재배할 경우 붕소 결핍 현상이 쉽게 일어나므로 밭을 만들 때 붕사를 뿌려주는 게 좋다.

4) 병충해

배추에 피해를 주는 곤충의 대부분은 나방의 애벌레다. 배추는 정식 직후가 제일 중요한데 이때 관리를 잘 해줘야 한다. 특히 처음 일주일 간의 피해가 크다. 예를 들어, 벌레가 어린 배추의 생장점을 갉아먹으면 나중에 배추가 커지더라도 여러 포기로 나뉘어 김장 배추로 사용할 수 없게 된다.

그러나 이 고비만 넘기고 나면 그 이후부터는 쉬운데, 나중에는 눈에 띄는 배추벌레를 직접 잡아주면 된다. 새벽에 밭에 나가 보면 배추

벌레들이 밖으로 나와 있어 잡기에 쉽다. 또 이때쯤이면 설사 벌레가 좀 먹더라도 김장할 정도는 남는다.

나는 정식 후 곧바로(처음이자 마지막으로) 배추 모종에 살충제를 뿌려준다. 절대로 농약을 사용하지 않겠다는 분들은 한랭사를 씌워주기도 한다. 나도 처음에는 무농약으로 재배해 보겠다고 고집을 부리다가 모종의 30%가 망가지기도 했다. 모종에 농약을 한 차례 뿌려주더라도 수확할 때쯤이면 남아 있는 농약 성분은 거의 없다고 봐야 한다.

한랭사를 씌워주려면 투자를 좀 해야 한다. 한랭사뿐만 아니라 활대도 필요하다. 물론 활대는 한 번 구입하면 두고두고 사용한다지만, 자그마한 텃밭에 김장 배추를 심겠다고 이것저것 사야 하니 배보다 배꼽이 커진다.

혹시 재배 중에 진딧물이 보이면 곧바로 조치를 취해야 한다. 김장 배추에 나타나는 진딧물은 특히 조심해야 하는데, 습하고 무더운 날씨가 지속될 때 많이 발생한다. 진딧물은 조금만 늦게 발견해도 순식간에 배추밭 전체로 퍼져서 배추를 한 포기도 수확할 수 없게 된다. 끝으로, 달팽이가 많은 곳에는 모종을 심은 후 맥주로 유인제를 만들어준다.

5) 배추 포기를 묶어줘야 하나?

포기를 묶어주는 이유는 동해 피해를 방지하기 위한 것으로, 묶어주면 배추의 성장이 정지된다. 배추는 묶지 말고 잎 벌리기를 해줘야 크게 자란다. 배추 속은 시간이 지나면 저절로 차게끔 되어 있다. 따라서 나는 처음 농사를 시작한 이후로 한 번도 배추를 묶어준 적이 없다.

배추는 추위에 강한 작물로 새벽에 얼었던 배추도 낮에 햇볕에 녹으면 싱싱한 상태로 되돌아온다. 만약 급격히 기온이 내려간다면 밤에는 부직포나 비닐을 씌워주면 도움이 된다.

6) 배추 심을 때 주의사항

배추를 심기 전에 기억해야 하는 것은 (1) 밭을 만들 때 붕사를 꼭 뿌려줘야 하고, (2) 배추는 가능한 한 얕게 심어야 한다. 그래서 배추의 생장점이 흙 속에 묻히지 않도록 해줘야 한다. (3) 배추를 심고 나서는 어린 모종이 병충해 피해를 입지 않도록 2~3일 이내로 꼭 방제를 한 번은 해줘야 한다.

참고로, 내가 배추 모종 심는 방법은 비닐에 구멍을 뚫고 물을 부어준 다음, 배추를 얕게 심고, 구멍이 보이지 않도록 흙을 주변에 살짝 덮어준다.

큰 배추 만드는 비법

배추를 크게 만들려면 재식 거리가 60cm 이상 되어야 한다. 가까이 심으면 커지려 해도 공간이 부족해 커질 수가 없다. 배추는 초기에 거름과 물을 많이 주어 잎을 많이 늘려 놓아야 한다. 추비도 1~2회 해야 하지만, 키토산과 아미노산 액비를 몇 차례 관주하면 아주 효과적이다. 실제로 키토산이 배추에 효과적이라는 연구 결과도 있다. 그리고 배추 포기 묶기도 하지 말아야 한다. 이런 방식으로 배추를 재배했을 때 한 포기에 9.5kg짜리 배추도 만들어봤다.

배추가 크면 식감도 떨어지고 쉽게 물러진다고 아내는 주장한다. 그러나 배추가 물러지는 것은 비료를 왕창 주고 크게 키웠을 때의 이야기이다. 퇴비 위주로, 또 천연농자재와 키토산 액비를 주고 키우면 배추가 커도 맛이 좋고 쉽게 물러지지 않는다.

사실 배추를 크게만 만들려면 어려울 것도 없다. 밭에 비료 훌훌 뿌려주고 모종을 심은 후, 물주고 이따금 서리 내리듯 비료를 하얗게 뿌려대면 아주 잘 큰다. 잎도 아주 짙은 녹색에 겉잎 한 장이 내 얼굴보다 커진다. 농약도 몇 차례만 뿌려주면 벌레도 없이 잘 자란다. 그런데 이런 배추를 원하세요?

7) 김장 배추가 물러지는 이유

기껏 김장 김치를 담았는데 배추가 물러지면 낭패가 아닐 수 없다. 긴긴 겨울 동안 김치 없이 무엇을 먹으라고? 버리기도 아깝고 물컹거려 먹을 수도 없다. 이런 낭패를 보지 않으려면 배추를 재배할 때 주의해야 한다. 우리 집 김장 배추가 물러진 뒤에 그 이유를 알게 되어 정리해본다. 나 같은 실수를 하지 말라고.

첫째, 무름병이 온 배추는 100% 배추가 물러진다고 한다. 올해 9월에는 비가 많이 오고, 기온도 높았다. 전국적으로 배추밭에 무름병이 퍼졌다고 방송에서 아우성을 쳤다. 화단을 만들어 물 빠짐이 좋은 우리 밭에도 배추 몇 포기에 무름병이 왔다. 남들은 배추밭을 다 갈아엎었다고 하는데 그까짓 몇 포기쯤이야… 가벼운 마음으로 무름병이 온 배추를 뽑아버렸다.

그런데 배추가 멀쩡해보여도 뿌리 쪽을 잘라서 검은 줄이 보이면 무름병에 걸린 거라고 한다. 우리 배추는 어땠는지 통 기억이 없다. 설마 우리 집 배추 전체가 무름병에 걸렸던 건 아니겠지.

둘째, 수확기에 물을 많이 주면 배추가 물러진다고 한다. 내가 물을 준 적은 없지만 올가을에 비가 많이도 왔다. 틀림없이 배추가 물을 많이 먹었을 테지. 그래도 다행인 것은 10월이 되어서는 비가 거의 오지 않았으니 꼭 그 이유 때문이라고 할 수는 없을 것 같다.

셋째, 비료를 많이 줘도 물러진다고 한다. 키토산 액비를 한 차례 뿌려주었고, 10월 초순에 배추 사이에 비료를 티스푼으로 하나씩 넣어준 게 전부다. 그 정도로는 지나치다고 할 수 없다. 더구나 해마다 늘 해오던 방법이므로 올해 특별히 배추가 물러질 이유가 없다.

넷째, 수확이 빠르면 배추가 물러진다고 한다. '바로 이거다!'라는

느낌이 왔다. 농사일지를 찾아보니 8월 26일 배추 모종을 심어 11월 1일 수확을 했다. 내가 텃밭에서 배추를 키운 날짜는 고작 67일이다. 김장 배추는 최소한 90일 이상을 키워야 한다는데 재배기간이 너무 짧았다. 예전에는 11월 말이 되어서야 김장을 하곤 했으니 그동안 한 번도 배추가 무르지 않고 아삭거렸는지도 모르겠다.

우리 집 배추도 처음에는 잘 자라는 듯했다. 하지만 고온 다습한 날씨가 계속되었고, 10월 중순에는 갑자기 때 이른 가을 냉해까지 겹쳤다. 냉해를 입은 배추 겉잎이 하얗게 변했다. 그러자 약해진 배춧잎에 불청객이 나타났다. 바로 진딧물! 김장 배추에 진딧물이 보일 때 곧바로 조치를 취하지 않으면 거의 끝장이라고 보면 된다.

진딧물은 처음에는 겉잎에만 붙어 있지만 시간이 지나면 배추 속으로 점점 파고 들어간다. 수확 시기가 가까워졌으니 약을 뿌릴 수도 없고, 또 약을 뿌린다 하더라도 깊숙이 들어간 진딧물은 살아남는다. 더구나 내가 진딧물을 발견한 시점은 복구를 하기에는 너무 늦었다.

"빨리 김장부터 해야겠어!"

진딧물이 보이고 며칠 후면 배추 전체로 퍼져나간다

아내의 명령에 따라 급하게 배추를 수확했고, 벼락치기로 김장을 담갔다. 11월 말까지 기다렸다가는 남아나는 배추가 하나도 없을 테니까. 진딧물이 붙어 있던 겉잎을 모두 떼어냈더니 큼직했던 배추가 거의 반의 반쪽으로 줄어들었다.

우리 집 김장 배추에는 초록색 잎은 하나도 보이지 않고 쌈 싸먹기에 딱 좋은 연한 노란색 배추들뿐이다. 이런 형편이니 올해 배추 김치가 물러질 만도 하다. 수확도 빨랐고, 초록색 겉잎이 하나도 없었으니까. 참고로 소금이나 고춧가루는 배추 김치가 물러지는데 크게 영향을 주지는 않는다고 한다.

아무튼 그 원인을 알았으니 내년부터는 배추가 물러지는 일은 없을 것이다. 의혹이야 풀렸다 치지만 문제는 당장 올겨울이 걱정이다. 김치가 맛이 없으니 긴긴 겨울 동안 무엇을 먹고살지?

31
김장 무

가을에 재배하는 무는 용도에 따라 큰 무, 동치미 무, 총각무로 나뉜다. 물론 무마다 종자가 다르고, 재식 거리나 심는 시기 또한 다르다. 무밭을 만들 때는 퇴비 위주로 주고, 비료는 가급적 사용하지 않는다. 무는 옮겨심기가 되지 않으므로 직파를 한다. 무는 얼면 안 되므로 추위가 오기 전에 수확을 끝내야 하며, 약산성 토양(pH5.8~7.0)을 좋아한다.

총각무(좌)와 동치미 무(우)

우리 집은 8월 말이면 김장용 무를 심는데 용도에 따라 무 종류도 다양하다. 무에는 김장용 무채를 만드는 '큰 무'와 총각김치를 담그는

'총각무', 그리고 '동치미 무'가 있다. 물론 종류별로 종자가 각각 다르다. 이들 무는 일 년에 한 번 김장용으로만 사용하고 있으니 씨앗을 한 봉지만 구입하면 4~5년은 족히 쓰는 것 같다. 쓰고 남은 씨앗은 테이프로 밀봉한 다음 냉장고에 넣어두면 몇 년이고 계속 사용할 수 있다.

김장을 하고 남은 무는 땅속에 묻으면 다음해 봄까지도 싱싱한 무를 먹을 수 있다. 땅을 깊이 파기가 힘들면 큰 비닐에 무를 넣은 다음 고무통에 담아 보관을 해도 오래간다. 우리 집처럼 액비를 주고 무를 키우면 당도도 상당히 높아져 한겨울에 날로 먹어도 맛있다.

최근에 와서 우리 집에서는 큰 무를 심지 않고 있다. 워낙 무가 크다 보니 다루기 힘들고 맛도 별로라고 한다. 반면에, 동치미 무는 야무진 게 크기도 적당하다고 좋아한다. 보통 동치미 무라고 해도 크기가 참외의 두 배는 된다. 요즈음 우리 집은 동치미 무로 김장용 무채도 만들고 동치미도 담근다.

1) 심는 시기

제일 먼저 심는 것은 김장용 큰 무다. 큰 무는 8월 25일경에 심고, 동치미 무는 8월 말경에, 총각무는 9월 초순에 심는다. 씨앗은 보통 3~4개의 씨앗을 점파하는데, 흙에 살짝 덮일 정도로 얕게 심는다. 무는 옮겨심기가 되지 않으므로 밭에 직접 씨앗을 파종해야 한다. 오래된 씨앗은 발아율이 떨어지므로 조금 더 많이 씨앗을 넣어주는 것이 좋다.

싹이 트면 1구당 큰 무 싹을 1포기만 남겨야 하는데, 한꺼번에 다 솎아주지 말고 2회에 나누어 조금씩 솎아주는 것이 안전하다. 솎아주기를 하는 방법은 손으로 뽑아내기보다는 작은 가위로 싹을 잘라내면 된다. 손으로 뽑아내면 흙이 부스러져 남겨두어야 할 무의 뿌리에 영향을 줄 수도 있다.

2) 밭 만들기

김장 무밭을 만들 때에는 퇴비 위주로 거름을 주고 비료는 사용하지 않는다. 질소 성분이 너무 많으면 나중에 무에 바람이 들기가 쉽다고 한다. 또 붕소 결핍 현상도 자주 나타나므로 붕소를 미리 뿌려주는 것이 좋다. 무는 병충해 피해도 거의 없다.

무는 키토산과 아미노산 액비를 뿌려주면 효과가 큰 데 당도가 높고 단단한 양질의 무를 만들 수 있다. 우리 집에서는 밑거름을 조금 주는 대신 추비로 액비를 뿌려주고 있다.

무는 수분이 부족하면 쓴맛과 매운맛이 강해지므로 충분히 물을 주고 키우는 게 좋다. 무에 바람이 드는 현상은 급격한 성장을 가져오는 기후(기온이 높을 때)와, 토양(통기가 지나치게 잘 될 때), 그리고 화학비료의 시비(특히 질소 과다 흡수의 경우)로 발생한다고 한다. 큰 무와 동치미 무는 비닐 멀칭을 하고 심고, 총각무는 줄뿌림을 하므로 비닐 없이 심는다. 비닐을 씌우고 심으면 늦게까지 지온이 높아서인지 무의 생육이 좋아진다.

3) 재식 거리

이랑 폭이 85cm인 우리 밭에서 큰 무는 줄 간격 40cm, 포기 간격 30cm로 두 줄로 심고, 동치미 무는 포기 간격 20×20cm로 심는다. 우리 집처럼 큰 무를 심지 않고 동치미 무를 조금 더 크게 만들고 싶으면 포기 간격을 25×25cm로 해주면 된다. 총각무는 20cm 간격으로 줄파를 하되 잎이 3~4매 정도일 때 포기 간격 6~8cm로 솎아준다. 총각무는 파종 후 30일이면 수확이 가능하므로 제일 늦게 심어 제일 빨리 수확한다.

동치미 무도 큰 무와 마찬가지로 씨앗을 3~4개씩 점파한 뒤 2차에 걸쳐 솎아주고, 결국 1구에 1포기만 남겨 놓는다. 무는 추위에 약하므로 얼기 전에(11월 중순 이전) 전부 수확해야 한다. 물론 총각무는 10월 중순이면 제일 먼저 수확해 총각김치를 담근다.

32
갓

갓에는 김장 김치의 속으로 사용하는 청갓/적갓이 있고, 갓 김치용으로 사용하는 돌산갓이 있다. 갓은 배추과에 속하므로 재배법도 배추와 비슷하다. 갓은 30cm 간격으로 줄뿌림을 하고, 나중에 포기 간격 10cm로 솎아준다. 갓은 재배기간은 짧지만 거름과 물을 많이 줘야 한다. 갓은 9월 중순경에 심는 것이 좋고, 배추처럼 약산성 토양(pH5.5~6.8)을 좋아한다.

청갓(좌), 적갓(우)

처음에는 김장 배추를 심을 때 갓도 함께 심었다. 어차피 김장을 담글 때 함께 사용해야 하니까. 그런데 나중에 갓을 수확해보니 너무 억세어져 있었다. 이렇게 질겨서야 어디 먹겠나? 도대체 갓을 재배하며 내가 무슨 실수를 한 거지? 어쩔 수 없이 수확한 대부분의 갓은 퇴비장으로 보내야 했다. 작고 비실거리는 갓만 김장용으로 조금 남겨두고.

1) 심는 시기

갓은 김장 배추보다 보름 정도 늦게 심는 것이 좋다. 갓은 심는 시기가 중요한데 너무 일찍 심으면 갓이 억세어져 먹을 수 없게 된다. 갓은 9월 중순경에 심어야 크지도 억세지도 않은 갓을 수확할 수 있다. 우리 집 갓이 억세었던 이유는 수확 시기가 이미 오래 전에 지났기 때문이다. 갓은 서늘한 기후를 좋아하지만 추위에 강한 작물은 아니므로 기온이 영하로 내려가기 전에 수확해야 한다.

2) 밭 만들기

갓 재배용 밭을 만들 때는 퇴비 위주로 주되 복합비료도 조금 섞어서 뿌려준다. 갓은 재배기간이 40~60일로 짧은 편이나 거름과 물을 많이 줘야 한다.

3) 재식 거리

갓의 재식 거리는 줄 간격 30cm로 줄뿌림을 한다. 줄뿌림을 할 때는 얕게 30cm 간격으로 줄을 긋고, 갓 씨앗을 1~2cm 간격으로 한 개씩 넣은 다음 손으로 흙을 가볍게 덮어주면 된다. 나중에 갓이 자라면 10cm 포기 간격으로 솎아주면 된다.

33
시금치

시금치는 서늘한 기후를 좋아하며, 누구나 손쉽게 재배할 수 있는 작물이다. 시금치는 알칼리성 토양(pH7.0~8.0)을 좋아하므로 꼭 석회고토를 뿌려주고 심어야 한다. 씨앗은 20~30cm 간격으로 줄뿌리기를 하거나 흩뿌리기를 한다. 가을에 뿌린 시금치는 이듬해 봄까지 수확할 수 있으며, 병충해 피해도 없다.

얼마 전에 이웃집 아주머니께서 시금치를 먹으라고 갖다 주셨다. 시금치는 이른 봄까지만 먹는 줄 알았는데 5월 중순에도 수확할 수 있나 보다. 봉투에 들어 있는 시금치를 보니 짙은 녹색에 크기도 마치 배춧잎처럼 엄청나게 컸다.

예전에는 크고 진한 색상의 채소들이 더 싱싱해보여 좋아했는데, 지금은 선뜻 손이 나가지 않는다. 같은 시금치라도 작고 연한 녹색의 시금치가 더 먹음직스러워 보인다. 그런데 혹시 그것도 비닐하우스에서 비료주고 농약 뿌리며 키운 건 아닐까? 그래서 제일 좋은 방법은 텃밭에서 내가 직접 키워 먹는 것일 게다. 물론 대부분의 사람들에게는 해당되지 않는 말이겠지만.

수확할 때가 된 시금치(좌)와 겨울을 이겨내고 봄에 자라는 시금치(우)

1) 심는 시기

시금치는 봄 파종(4월 초순에 심어 5월 말~6월 초순에 수확)도 하는 모양인데 우리 집은 가을 파종만 한다. 가을에 심더라도 이듬해 4월 중순까지는 수확할 수 있으니 굳이 봄에 다시 시금치를 심을 이유가 없었다. 더구나 작은 텃밭을 가꾸는 입장에서 5월 초순이면 다른 작물도 심어야 한다.

시중에 파는 시금치 종자는 대부분 월동용으로, 보통 9월 초순부터 10월 초순까지 심는다. 9월 초순에 심으면 10월 중순부터 수확할 수가 있다. 더 늦게 심으면 다음 해 이른 봄부터 수확하면 된다. 그래도 봄에 씨앗을 뿌리는 것보다는 빨리 먹을 수 있다. 가을에 먹다 남은 시금치는 한겨울이면 죽은 듯 보이지만 이른 봄이면 다시 싹을 피운다. 이른 봄에 먹는 시금치에서는 단맛이 난다. 시금치는 더운 날씨보다는 추운 날씨에서 더 잘 자라는데, 영하의 온도에서도 꿋꿋이 살아가지만 날씨가 더워지면 성장을 멈춘다.

우리 집은 10월 초순에 시금치를 심는데(작은 텃밭이다 보니 빈 땅이 그

제야 나온다), 이때쯤에는 날씨가 추워져 발아도 잘 되지 않고 성장 속도도 느려진다. 그래서 항상 시금치 밭에 터널을 만들어주고 심는다.

비닐 터널을 만드는 방법은 활대를 세우고 비닐 한 장을 덮어주기만 하면 된다. 비닐 터널 속에서는 11월의 날씨에도 시금치가 자라며, 비록 크기는 작지만 12월에도 시금치를 수확할 수 있다. 시금치는 겨울에 죽지 않고 살아남아 이른 봄부터 4월 중순까지(봄 작물을 심기 전까지) 두고두고 수확할 수 있다. 시금치는 그냥 내버려두어도 영하 10℃까지는 버틴다고 한다.

참고로, 시금치 씨앗은 심기 전에 물에 하루 정도 담갔다가 심어야 발아가 잘 된다.

비닐 터널을 만들고 시금치를 심으면 겨울철에도 시금치를 수확할 수 있다

2) 밭 만들기

시금치 밭을 만들 때 제일 중요한 것은 토양을 중성/약 알칼리성으로 만들어주는 일이다. 시금치는 산성이 강하면 잎이 누렇게 변하거나 성장을 멈춘다. 그래서 시금치 밭을 만들 때에는 충분히 석회고토

를 뿌려주고 씨앗을 심어야 한다. 예전에 시금치 농사를 망친 적이 있는데, 산성 토양에서는 시금치 씨앗의 발아도 잘 안 된다는 것을 몰랐었다.

시금치는 생육기간이 짧으므로 밑거름을 충분히 주고 심어야 하는데, 퇴비를 밑거름으로 준다. 봄에 수확을 하려면 시금치 싹이 나올 때쯤 추비를 해주는 게 좋다. 추비는 빠른 효과를 볼 수 있도록 질소 성분 위주로 엽면시비를 해준다(아미노산 액비가 좋다).

시금치 뿌리는 땅속 30cm까지도 들어간다고 하니 밭을 만들 때 땅을 깊게 갈아주는 것이 좋다. 또 봄에는 건조하기가 쉬우므로 물도 충분히 줘야 하고, 연작 피해가 있으므로 1년간 돌려짓기를 해야 한다.

3) 재식 거리

시금치는 평이랑을 만들고 씨앗을 뿌려준다. 텃밭에서 시금치 씨앗을 뿌리는 방법은 크게 두 가지인데, 줄뿌리기를 하거나 흩뿌리기를 한다. 줄뿌리기는 씨앗이 너무 깊게 묻히지 않도록 줄 간격 20~30cm로 선을 그은 후에 씨앗을 넣고 흙으로 살짝 덮어준다. 호미로 땅을 파고 심으면 씨앗이 너무 깊게 묻히므로 주의해야 한다. 싹이 자라면 복잡한 곳을 솎아주어 포기 간격이 3~5cm가 되도록 해준다.

흩뿌리기는 씨앗이 뭉치지 않도록 흩어 뿌려주고 갈퀴로 살짝 긁어 씨앗이 흙에 덮이게 해주면 된다. 씨앗이 골고루 뿌려지도록 모래를 섞어 뿌리기도 한다. 나중에 싹이 나오면 밀집된 곳의 시금치를 먼저 솎아 먹으면 된다. 두 방법 모두 큰 차이는 없는 것 같고, 어떤 방법을 선택할 것인지는 본인 맘이다.

34
양파

양파는 늦가을에 모종을 심어 이듬해 6월에 수확하는 작물이다. 따라서 추운 겨울에 양파가 얼어 죽지 않도록 밭에 터널을 만들거나 피복을 해줘야 한다. 양파는 약산성 토양(pH6.5~7.0)을 좋아한다. 양파는 재배기간이 길어 밭을 만들 때 거름을 많이 주고, 봄에는 웃거름도 줘야 한다. 재식 거리는 줄 간격 25cm, 포기 간격 15cm로 심는다.

　아내 등쌀에 최근에 와서야 양파를 심었다. 그동안 양파를 심지 않은 이유는 딱 한 가지다. 해마다 양파 가격이 엄청나게 쌌으니까! 내 기억으로는 그동안 한 해를 제외하고는 양파 가격이 비쌌던 적이 없다. 텃밭에 양파를 심겠다는 내 말에 지인이 조언을 해주셨다.

　"양파는 가을에 비닐 터널을 만들어주고 심어야 해요."

　전문가가 하는 말이니 나는 활대로 터널을 만들고 비닐을 두 겹이나 씌워주었다. 비닐 두 겹이 효력을 발휘했는지 양파 잎은 한겨울에도 초록색을 띠고 있었다.

　양파는 마늘처럼 그냥 덮어주는 것보다는 비닐 터널을 만들어줘 양파 잎이 차가운 비닐에 닿지 않도록 해주는 것이 좋은 것 같다. 하지만 전문적으로 재배하시는 분들은 일일이 터널을 만들어줄 수 없으므로 구멍이 없는 흰 비닐을 겨울 동안 씌어주었다가 봄이 오면 비닐을 찢고 양파 잎을 꺼내준다고 한다.

마늘 비닐을 사용했는데 간격이 가까우므로 한 칸 건너서 양파를 심었다

1) 심는 시기

양파를 재배한 지는 얼마 되지 않으므로 모종을 만들어본 적이 없다. 더구나 양파는 모종을 만들기도 어렵다고 한다. 소규모 텃밭 재배를 하면서 굳이 어렵다는 모종을 만들기보다는 시장에서 모종을 한 판(128구) 구입하는 편이 쉽다.

양파도 마늘과 마찬가지로 10월 중순~말경에 심는다. 양파는 겨울을 나고 이듬해 6월이 되면 양파 잎이 대부분 쓰러지는데 이때가 수확 적기이다.

2) 밭 만들기

양파도 마늘밭처럼 만들면 된다(비료도 양파/마늘 비료를 공통으로 사용한다). 양파는 연작 피해도 없으므로 심었던 자리에 계속 심어도 된다. 양파는 재배기간이 긴 작물이므로 퇴비와 복합비료를 섞어서 뿌려준다. 봄이 오면 추비로 NK비료를 준다. 전문농가는 질산칼슘과 황산가리를 뿌려준다고 한다. 황 성분이 양파의 매운 맛을 강하게 해준다고 한다. 4월 초순이 양파의 비대기인데 이때 특히 물을 충분히 공급해줘야 한다.

양파는 토양 산도 pH6.5~7.0의 약산성 토양을 좋아하므로 거름을 주기 2주 전에 석회고토를 뿌려주는 것이 좋다. 산성 토양에 양파를 심으면 양파 구의 자람이 불량해진다고 한다.

3) 재식 거리

양파는 줄 간격 25cm, 포기 간격 15cm로 심으면 된다. 모종을 심을 때는 뿌리 부분이 흙에 묻히도록 약간 깊게 심는다.

35
마늘

마늘은 서늘한 기후를 좋아하는 뿌리채소로 늦가을에 파종해 6월 장마 전에 수확한다. 마늘은 연작 피해가 없으며 줄 간격 20cm, 포기 간격 10cm, 깊이 3cm 정도로 심는다. 마늘은 생육기간이 긴 작물이므로 밭을 만들 때는 거름을 많이 줘야 하고, 봄이 되면 웃거름도 줘야 한다. 겨울에 동해 피해를 입지 않으려면 마늘밭에 피복을 해줘야 한다. 마늘은 약산성 토양(pH6.0~6.5)을 좋아한다.

마늘대가 굵어야(좌) 마늘도 굵어진다(우)

마늘은 농사 잘못 지으면 종자값도 건지지 못하는 작물이다. 육쪽 마늘 한 접을 심었을 때(마늘 종자 600쪽) 최대로 수확할 수 있는 양이 마늘 6접(600통)인데, 나중에 수확해보면 마늘통이 굵은 것들도 있지만 겨우 목숨만 부지한 아주 작은 마늘도 많이 나온다. 특히 가뭄이 심하면 마늘통이 더욱 작아지는데, 이럴 때는 정말 종자값도 못 건진다.

나는 초보 농부 시절에는 마늘을 심지 않았는데, 그 이유가 수확량이 기껏해야 6배밖에 늘어나지 않는다는 것이 못마땅해서였다. 나중에 마늘값이 비싸다는 것을 알고서는 양보다는 가격이 더 중요하다는 생각에 마늘을 심기 시작했다. 물론 지금은 마늘 농사를 한 해도 거르는 적이 없다. 마늘은 모진 겨울 추위에도 살아남을 정도로 독하지만 이따금 얼어 죽기도 하므로 겨울이면 왕겨를 덮어주기도 하고, 비닐을 이중으로 덮어주기도 한다.

1) 심는 시기

마늘은 10월 중순부터 11월 초순에 심는다. 우리 집은 11월 초순에 (사과 수확이 시작되는 11월 4일 이전에) 무조건 심는다. 마늘은 심는 시기가 너무 이르면 벌 마늘(제대로 영글지 못하고 부실한 마늘)이 되기 쉽고, 너무 늦으면 동해를 입기 쉽다고 한다.

마늘은 보통 중간 정도 크기를 종자로 사용하곤 했는데 크고 좋은 종자를 쓰면 쓸수록 수확량도 늘어난다고 한다. 예전에 작은 마늘을 종자로 심은 적이 있는데 그해 농사는 완전히 망가졌다. 종자가 너무 작아서 초기 발육이 부진했던 탓인지 나중에 아무리 웃거름을 주고 공을 들여도 마늘이 굵어지지 않았다. 그러니 굵은 마늘을 수확하고 싶으면 좋은 마늘을 종자로 써야 한다. 그런데 좋은 마늘을 먹지 말고 다시 심으라는 말이 정말 맞는 건지는 나도 잘 모르겠다.

2) 밭 만들기

마늘은 거름을 많이 주고 밭을 만들어야 하는데, 웃거름도 2차례 정도 준다. 가을에 마늘밭을 만들 때 퇴비만으로는 부족하고 비료도 섞어줘야 한다. 웃거름(NK비료)은 3월 상순부터 4월 중순까지로 끝내야 하며, 늦게 웃거름을 주면 벌 마늘이 된다고 한다.

마늘을 굵게 만들려면 비대기에 물을 자주 주고, 황산가리를 뿌려주라고 한다. 황산가리가 마늘의 매운맛을 강하게 해준다고 한다. 황산가리는 물에 타서 뿌려주거나, 그냥 비닐 위로 훌훌 뿌려주면 된다. 황산가리가 없으면 NK비료를 줘도 된다.

작년에 우리 집은 마늘을 650쪽 정도를 심어 특대 5접, 대 1접 그리고 나머지 작은 마늘 반 접 정도가 나왔다. 죽은 것도 거의 없고 극히 우수한 성적이었다. 마치 내가 마늘 전문가인 것처럼.

특별한 비법이라고까지는 말할 수 없지만 내가 사용하는 방법은 4월부터 5월 말까지 마늘의 비대기에 충분히 물을 공급해주고, 내가 제조한 키토산과 아미노산 액비를 수시로 뿌려준다. 내 경험으로는 키토산과 아미노산 액비의 효과가 큰 것 같다. 이렇게 키토산 액비를 사용하고, 물을 충분히 준 후로는 한 번도 마늘 농사를 망친 적이 없다.

3) 재식 거리

비닐 멀칭을 하지 않던 초기에는 재식 거리를 20×10cm로 심었는데, 비닐에 일일이 구멍을 뚫기도 만만치가 않았다. 지금은 편하게 아예 구멍이 뚫려 있는 마늘 재배용 검은색 비닐을 구입해 사용하고 있다. 어차피 한두 해 농사짓고 말 것도 아니라 한 롤을 구입해서 쓰고 있는데 정말 편하다.

재식 거리나 줄 맞추려고 신경 쓸 필요도 없고, 그냥 구멍마다 마늘 종자 하나씩만 꾹꾹 찔러 넣으면 끝이다. 마늘은 3cm 정도로 약간 깊이 심는다. 마늘은 파종 후에 물을 충분히 주어 뿌리의 발달을 촉진시켜 줘야 한다(또는 물을 충분히 뿌려준 다음에 검은 비닐을 씌우고 마늘을 심는다).

4) 겨울철 비닐 씌우기

내 경우는 마늘을 심을 때 검은색 유공 비닐을 이미 사용했으므로 12월 초순 그 위에 투명 비닐을 한 겹 더 씌어주고 겨울을 나곤 한다. 하지만 요즘은 날씨가 워낙 변덕스러워서 혹시나 하는 생각에 비닐을 두 겹으로 덮어주기도 한다(두꺼운 비닐은 한 겹으로도 충분하겠지만 얇은 비닐은 두 겹이 안전하다).

왕겨나 낙엽을 덮어주는 분들도 계시지만 구하기도 어렵고, 나중에 처리하기도 번거로워 그냥 투명 비닐을 씌우고 있다. 요즘은 비닐 대신에 흰색 부직포를 덮어 주시는 분들도 계시는데 동해 피해도 없고, 수확량도 좋다고 하신다. 하지만 작은 텃밭을 가꾸면서 부직포를 따로 구입할 수도 없어서 그냥 비닐을 씌우고 있다.

이 비닐은 한 해 쓰고 버리는 것이 아니라 깨끗이 씻어 보관하면 몇 년을 사용해도 된다.

5) 병충해

마늘은 병충해 피해가 거의 없는 작물로 따로 방제를 할 필요도 없다. 하지만 토양에 따라 고자리파리나 뿌리응애의 피해를 입을 수 있으므로 밭을 만들 때 꼭 토양 살충제를 뿌려주는 것이 안전하다(비싼 마늘이 죽으면 억울하니 사전 예방이 중요하다).

마늘 잎의 끝이 마르는 현상은 칼리나 석회 흡수 장애로 인해 발생한다. 이러한 장애는 토양이 너무 건조할 때에도 발생한다.

5월 하순부터 6월 초순이면 마늘종이 나오는데, 이 마늘종을 뽑아줘야 마늘이 굵어진다고 한다. 마늘종을 당기면 중간에 끊어지고 잘 뽑히지 않는데 큰 바늘로 마늘종 줄기 아래를 찌른 다음 뽑으면 마늘종이 잘 뽑힌다. 우리 집 텃밭에서는 마늘종이 보이다가 어느 날 갑자기 저절로 다 사라진다(아내가 반찬 만든다고 알아서 다 뽑아간다).

36
부추

부추는 다년생 식물로, 심은 뒤 한 자리에서 3~4년을 키운다. 겨울에도 땅 윗부분은 죽지만 뿌리는 살아 있어 봄이면 다시 싹을 틔운다. 부추는 3~4 년마다 포기 나눔을 해야 하는데, 그대로 두면 뿌리가 서로 뭉쳐 부추가 제 대로 자라지 못하기 때문이다. 부추 포기 나눔을 할 때에는 장소를 바꾸어 심는 것이 좋다. 부추는 7~8포기씩 뭉쳐서 줄 간격 20cm, 포기 간격 15cm 정도로 심는다. 부추는 물과 거름을 많이 줘야 잘 자라고, 약산성 토양 (pH6.0~6.5)을 좋아한다.

나물밭에 자라는 부추(좌), 예쁜 부추꽃(우)

우리 집 텃밭에서 한 번도 퇴출되지 않고 지난 십여 년간 맥을 이어오는 작물이 있으니 바로 부추다. 내가 오이소박이를 워낙 좋아해서 여름 내내 오이김치를 담가 먹으니 우리 집 텃밭에서 부추도 빠질 수가 없었다. 그 외에도 아내는 부추를 이용한 다양한 요리를 잘 만들어낸다.

그런데 몇 년에 한 번씩 부추 포기 나눔을 하고, 남는 부추를 집 앞 텃밭의 빈 공간에 버렸더니 그곳도 저절로 부추밭이 되었다. 그곳에는 부추만 자란 게 아니고 달래도 자라고, 냉이도 자라고, 온갖 나물들이 다 자란다. 그래서 우리 부부는 그곳을 나물밭이라고 부른다.

한 가지 이상한 것은, 공을 들이는 부추밭보다도 이렇게 버려둔 나물밭에서 자라는 부추가 더 실한 것 같다. 그래서 아내는 부추를 뜯으러갈 때면 나물밭으로 간다. 나도 부추 뜯어오라고 하면 나물밭으로 간다. 사정이 이러니 우리 집 부추밭은 왜 있는 건지 모르겠다.

1) 심는 시기

부추를 씨앗으로 키우려면 오래 걸린다. 부추는 발아가 잘 되지 않으므로 물에 하루 정도 씨앗을 불린 다음 심는다. 발아 후 두 달은 키워야 밭에 정식할 수 있는 크기로 자란다. 밭에 정식하더라도 줄기가 쉽게 굵어지지도 않고, 첫 해에는 수확하기도 어렵다. 성격이 급한 사람은 선택하기 어려운 방법이다.

부추를 키우는 제일 좋은 방법은 어디서 부추 한 덩어리를 얻어다 포기 나눔을 하면 된다. 포기 나눔은 봄부터 가을까지 언제든지 할 수 있는데 일 년만 지나도 풍성한 부추밭으로 만들 수 있다.

2) 밭 만들기

부추는 약산성 토양(pH6.0~6.5)을 좋아하므로 석회고토를 주고 심어야 한다. 부추는 다비성 식물로 퇴비를 많이 필요로 하므로 수시로 웃거름을 줘야 한다. 부추는 보기와는 달리 거름을 많이 필요로 하는데, 병 피해도 없고 물과 거름만 많이 주면 그냥 잘 자란다. 웃거름으로는 퇴비와 비료를 주는데, 보통 수확을 하고 나면 웃거름과 물을 흠뻑 준다. 혹시 고자리파리 피해가 있는 곳은 약제를 뿌려주고 심는 것이 좋다.

3) 재식 거리

포기 나눔을 하는 방법은 7~8포기씩 모아서 줄 간격 20cm, 포기 간격 15cm로 심는다. 포기 나눔(뭉쳐져 있는 뿌리 덩어리를 찢어서 심는 것)을 할 때에는 뿌리가 잘 발달할 수 있도록 바깥쪽으로 향하게 심는다. 모종을 심은 초기에는 수분 흡수가 부족해서 부추 끝단이 쉽게 말라버리므로 모종의 상단 1/3을 잘라내고 심는 게 좋다.

4) 수확하기

수확 방법은 새잎이 20~30cm로 자라면 1~2cm만 남겨두고 잘라서 먹는다. 여름이면 추대가 올라오고 꽃이 피는데, 추대를 빨리 따줘야 포기가 약해지지 않고 오래 수확할 수 있다. 물론 그냥 두면 하얀 부추꽃이 핀다.

37
아스파라거스

아스파라거스는 다년생 작물로 한 번 심으면 15년은 계속 수확할 수 있다. 노지 재배의 경우에 아스파라거스 수확 시기는 4월 중순부터 6월 말까지이다. 우리가 먹는 아스파라거스는 봄에 땅에서 올라오는 새순이다. 아스파라거스가 좋아하는 토양 산도는 pH6.0~8.0으로 거의 모든 토양에서 잘 자란다. 아스파라거스는 나무처럼 연중 자라기 때문에 거름도 2~3회는 줘야 한다.

예전에 지인의 집에서 저녁을 얻어먹었는데 마늘종 장아찌인 줄 알았던 것이 바로 아스파라거스라고 한다. 아스파라거스는 스테이크 먹을 때 곁들여 먹는 채소로만 알고 있었는데, 이렇게 장아찌도 만들어 먹을 수 있나 보다.

서양 채소로 알려진 아스파라거스가 요즘 우리나라에서도 인기라고 한다. 가격도 제법 비싸고, 아스파라긴산을 비롯하여 비타민, 항산화 물질 등 이름도 잘 모르는 성분들이 잔뜩 들어 있다고 한다. 아무튼 몸에 좋고 맛도 좋으니 먹기는 해야겠는데, 가격이 비싸니 방법은 한 가지뿐이다.

봄에 뿌리를 심으면 다음해부터 수확할 수 있다

"사 먹기 힘들면 집에서 키워 먹으면 되지!"
내가 우리 식구들에게 자주 하는 말이다.

1) 심는 시기

아스파라거스는 일년생 채소가 아니라, 한 번 심으면 보통 15년 정도 수확할 수 있는 다년생 작물이다. 노지 재배의 경우 아스파라거스 수확기는 새순이 올라오는 4월 중순부터 6월 말까지이다. 그런데 문제는 씨앗을 파종하고 수확을 하려면 최소한 3년은 기다려야 한다는 데 있다.

그 긴 3년 동안 목 빠지게 기다리는 것 말고, 좀 더 빨리 수확할 수 있는 좋은 방법이 없을까? 그러다가 부추처럼 아스파라거스도 뿌리를 심으면 수확을 앞당길 수 있다는 것을 알았다. 부추는 씨앗을 뿌려 키우려면 오래 걸리지만, 뿌리 나눔을 하여 심으면 바로 다음 해부터 수확할 수 있다. 아스파라거스도 2년생 뿌리를 구입해 심으면 빠른 수확을 할 수 있다(인터넷으로 찾으면 아스파라거스 뿌리를 파는 곳도 많다). 큰 뿌리는 찢어 심으면 되고, 작은 뿌리는 그냥 한 포기씩 심으면 된다. 뿌리는 3~5월 중으로 심는 것이 활착에 좋다.

2) 밭 만들기

아스파라거스는 다비성 식물로 거름과 물을 많이 필요로 한다. 아스파라거스는 병 피해도 없고, 풀만 잡아주면 되므로 재배하기가 쉽다. 가을에 잎이 마르면 줄기를 전부 잘라버리면 된다. 뿌리는 스스로 월동을 하며, 봄이 되면 새순이 솟는다.

아스파라거스는 나무처럼 연중 계속 자라므로 거름도 2~3회 주는 것이 좋다. 나는 이른 봄에 퇴비를 뿌려주기도 하지만, 늦게까지 양분을 섭취하라고 유박도 뿌려준다. 4~5월경에 웃거름으로 한 차례 더 유박을 뿌려주기도 한다. 또 풀 뽑을 자신이 없으면 아스파라거스밭에 부직포나 검은 비닐을 덮어주면 된다.

3) 재식 거리

아스파라거스를 폭 1m의 이랑에 한 줄로 심되 포기 간격은 40cm로 심는다(이랑 폭이 1.2미터면 두 줄로 심기도 하며, 적정 포기 간격은 30~50cm라고 한다). 아스파라거스는 키가 1.5미터 이상 자라므로 지지대를 세우고 옆줄을 띄어줘야 쓰러지지 않는다.

4) 기타

아스파라거스는 키우기도 쉽고, 먹기도 좋고, 영양분도 많고, 가격도 비싼 고급 채소다. 그 귀한 채소를 텃밭 귀퉁이에 한 번만 심어놓으면 별로 신경 쓸 것도 없이 두고두고 봄마다 수확할 수 있다. 텃밭 작물로 꽤나 괜찮아 보인다. 아스파라거스는 암수 그루가 있는데, 암그루는 빨갛고 작은 열매가 달린다.

하지만 판매할 목적으로 재배하는 것이라면 경제성에 대하여 심각하게 고민해봐야 할 것 같다. 누구든 별 기술 없이도 쉽게 재배할 수 있다는 것이 바로 장점이자 단점이다. 나는 이제야 아스파라거스에 대해 알게 되었다지만, 이미 수많은 농가에서 아스파라거스를 재배하고 있다고 한다. 아스파라거스를 심고 3년 뒤 수확할 때쯤이면 가격이 어떨지는 아무도 모른다.

38
더덕

더덕은 거름을 주고 풀만 잡아주면 저절로 자란다. 재식 거리는 줄 간격 50cm, 포기 간격 15cm로 심는다. 더덕은 씨앗보다는 더덕 종근을 심는 것이 훨씬 효율적인데, 종근을 심고 이듬해 가을이면 제법 큼직한 더덕을 수확할 수 있다. 더덕은 넝쿨을 타고 자라므로 지지대나 그물망을 쳐주는 것이 좋다. 더덕은 물 빠짐이 좋은 땅에 심어야 썩지 않는다. 더덕은 거름을 많이 필요로 하는 작물이 아니며, 약산성 토양(pH6.5~7.0)을 좋아한다.

집에 더덕을 심어도 꽤나 괜찮은 것 같다. 농약을 전혀 치지 않아도 되고, 굳이 텃밭이 아니더라도 담 밑이나 밭 귀퉁이에서도 잘 자란다. 이따금 풀만 잡아주면 된다. 작은 더덕 종근을 심고 2년만 기다리면 큼직한 더덕을 수확할 수 있는데, 봄에 나오는 더덕순은 쌈을 싸먹어도 맛있다. 더덕 재배가 별로 어렵지도 않은데 나는 그 간단해 보이는 '이따금 풀이나 잡아주는 것'도 제대로 못하고 있으니 과연 농사꾼이 맞는 건지 잘 모르겠다.

축대 밑에서 캔 더덕(우), 크기가 무려 27cm나 된다

1) 심는 시기

더덕은 씨앗을 뿌려서 키우는 것도 그리 어렵지는 않다고 한다. 실제로 예전에 축대 밑에서 더덕을 키울 때에는 가을에 땅에 떨어진 씨앗이 봄이 되면 저절로 발아가 되기도 했다. 하지만 성미 급한 나는 씨앗으로 키우기보다는 종근을 사다가 심는다. 봄에 시장에 가면 더덕을 파는 분들을 볼 수 있는데 대개는 종근도 함께 판다. 더덕 종근은 값이 비싸지도 않다.

더덕 종근은 심은 지 2년만 지나면(이듬해 가을이면) 제법 큼직한 더덕을 수확할 수 있다. 씨앗을 심으면 수확까지 3~4년을 기다려야 하므로 텃밭 재배의 경우에는 종근을 심어 재배기간을 단축하는 것도 괜찮은 것 같다.

2) 밭 만들기

더덕밭을 만들 때는 더덕이 잘 뻗을 수 있도록 깊게 경운을 해주는 것이 좋다. 더덕은 거름을 많이 요구하는 작물이 아니므로 퇴비만 주고 심어도 잘 자란다. 더덕은 넝쿨을 타고 자라므로 1미터 정도의 지지대를 양 끝단에 설치해주고 오이망을 사이에 설치해주면 된다. 지지대 없이도 더덕을 재배하기도 한다는데, 이 경우 수확량이 조금 떨어진다고 한다.

다른 것은 몰라도 더덕밭은 물 빠짐이 좋은 땅이어야 한다. 더덕 종근을 심고 2년은 기다려야 하는데 물 빠짐이 좋지 않으면 더덕이 썩어버린다.

3) 재식 거리

더덕은 줄 간격 50cm, 포기 간격 15cm로 심는데 밭에는 비닐을 씌우고 심는 것이 좋다. 나중에 풀 뽑느라 고생하지 않으려면.

4) 재배 후기

예전에 지인 집에 놀러 갔다가 울타리 아래에 심어져 있는 더덕을 보았다. 그래서 더덕 종근 십여 개를 얻어와 축대 아래에 심었다. 당시는 거름을 주는 것도 몰랐고, 축대 밑이라 비닐을 덮어줄 수도 없었다. 여름이 되자 더덕은 온갖 풀들 속에 묻혀 겨우 목숨만 부지하는 것처럼 보였다. 더덕 줄기가 함께 잘려나갈까 봐 예초기도 마음대로 돌리지 못했다.

결국 잡초로 엉망이 된 더덕밭은 포기를 했고, 텃밭 한 쪽에 새로 더덕밭을 만들었다. 이번에는 풀이 무서워 비닐까지 씌웠다. 하지만 작은 틈만 있어도 비집고 나오는 게 풀이다. 풀은 찢어진 비닐 사이로도 나오고, 더덕순 나오라고 뚫어준 구멍으로도 나왔다. 내가 잠시 방심한 사이 더덕밭은 또다시 잡초로 뒤덮여 버렸다.

'호미로 막을 것을 가래로 막는다'고 잡초가 작을 때 미리 뽑아주었어야 하는데 어쩌다 보니 잡초가 너무 무성해졌다. 잡초가 얼마나 크고 억센지 잡초를 뽑으려면 비닐이 찢어지고 더덕도 같이 뽑혀 나왔다. 그 이후 더덕밭은 완전히 잡초로 뒤덮였는데, 더덕은 2년은 묵혀야 커진다고 하므로 2년을 버텼다.

2년 뒤에 더덕밭을 파헤쳤는데 수량이 많지는 않았지만 제법 큼직한 더덕들이 나왔다. 웃거름도 주지 않았고, 초토화된 풀밭에서도 이렇게 자라준 것을 보면 기특하기도 하고, 반대로 더덕 재배는 아주 쉬운 농사라는 생각도 들었다.

포기하고 내버려 두었던 축대 밑에서도 더덕순을 발견했다. 혹시 하는 마음으로 땅을 파보았다가 뜻밖의 횡재를 했다. 거의 7~8년은 족히 된 큼직한 더덕들이 자리 잡고 있었다. 제일 큰 것은 27cm나 되었다. 아무래도 더덕 재배법에 대한 내용을 수정해야 할까 보다.

'더덕은 풀들 속에 묻혀 겨우 목숨만 유지하는 것처럼 보였다. 그런데 실제로는 땅속으로 깊은 뿌리를 내리고 꿋꿋이 자라서 제 몫을 다하고 있었다. 더덕은 풀을 제대로 잡아주지 못해도 잘 자라나 보다.'

39

대추나무

유실수 재배법

시골 농가에서 흔히 볼 수 있는 유실수를 꼽는다면 아마도 감나무나 대추나무, 포도나무 등일 것이다. 이들 나무들은 병충해가 그다지 심하지 않아 방제를 많이 하지 않더라도 쉽게 키울 수 있다. 집에서 유실수를 키울 때는 크게 세 가지만 알면 되는데 바로 거름주기와 전지법 그리고 방제하기이다.

이들 유실수 중에서 대추나무와 포도나무 재배법에 대해서만 설명하고자 한다. 추위에 약한 감나무는 몇 차례 심었지만 매번 얼어 죽어 유감스럽게도 이렇다 할 재배 경험이 없다.

대추나무는 한두 차례의 방제만으로도 열매를 수확할 수 있다. 그렇다고 해서 상품성 있는 대추를 수확할 수 있다는 건 아니고, 집에서 식구들이 먹을 정도는 된다는 말이다. 대추나무 전문농가에서는 꽃이 필 무렵부터 한 달에 2회씩 꾸준히 방제를 한다고 하니, 상품성 있는 대추를 만들어낸다는 것이 얼마나 어려운지 짐작해볼 수 있다.

요즘은 날씨가 워낙 변덕스러워 노지 재배의 경우 제대로 수확하기가 힘들 정도다. 냉해가 찾아오면 꽃이 피었다가도 떨어지고, 장마가 길어지면 수정이 되지도 않는다. 그래서 전문농가에서는 날씨의 영향을 받지 않도록 대추나무를 비닐하우스 안에서 많이 재배한다(이때는 나무를 작게 키운다).

1) 거름 주기

대부분의 유실수는 겨울철에 거름을 준다. 거름으로 퇴비와 유박을 주는데, 전량 겨울철에 다 주는 것보다는 약간은 나누어서 늦은 봄에 주는 것이 좋다. 열매가 결실이 되는 시기에는 추비를 주기도 한다. 대추나무는 꽃이 6월 초부터 7월 중순까지 거의 50일간 순차적으로 피고 결실이 되므로, 추비는 3~4월경에 유박을 뿌려주면 된다.

2) 방제법

집에서 키우는 대추나무라고 하더라도 한두 차례는 방제를 해야 먹을 수 있는데, 꽃이 피기 직전과 대추가 결실이 된 직후에 방제를 한다. 농약은 집 주위에 있는 농약사에서 구입할 수 있다(나무 이름을 말하면 알아서 농약을 준다).

대추나무를 재배하며 제일 무서운 것이 빗자루병인데, 잎이 빗자루 뭉치처럼 보인다고 해서 붙여진 이름이라고 한다. 빗자루병에 걸리면 치료가 되지 않으므로 그냥 나무를 뽑아버려야 한다. 이 빗자루병은 곤충에 의해 감염된다고 한다.

대추가 많이 열렸다가 갑자기 대부분의 대추가 떨어지기도 하는데, 특히 가뭄 때 수분이 부족하면 발생하는 생리현상이다. 나무는 수분이 부족하면 자신이 관리할 수 있는 만큼의 열매만 남기고 나머지는 자연낙과를 시키므로, 가뭄 때에는 물을 충분히 줘야 한다.

3) 전지법

대추나무 전지법은 큰 줄기 몇 개만 남겨놓고 다 잘라버리면 된다. 아주 쉽다. 누가 보면 대추농사를 아예 접으려고 잘라버린 것처럼 보일지도 모르겠다. 하지만 이렇게 잘라줘야 알이 굵은 대추가 열린다. 이렇게 잔가지를 모두 잘라내는 것을 '중머리 전정법'이라고 하는데 알이 굵은 대추를 만들 때 사용하는 방법이다. 반대로, 작은 가지를 많이 남겨 놓으면 대추가 많이 열리는 대신 대추가 작아진다.

대추나무 전지를 많이 해주었는데(좌) 새 가지가 자라고 가을이면 이렇게 많은 대추가 열린다(우).
사진 속 대추나무는 같은 나무다

대추나무도 원가지와 곁가지 사이에서 새순이 솟는다. 새순이 자라 큰 가지가 되는데, 대추는 그해 새로 자란 가지에서만 열린다. 다만 숨어 있는 눈이 다치지 않도록 곁가지를 자를 때는 원가지에서 2~3cm 정도 여유를 두고 잘라주면 된다. 대추나무 전지는 2월 말~3월 초순에 하는데 늦추위가 있는 지역에서는 가급적 전지를 늦게 하는 것이 좋다.

내가 좀 더 일찍 대추나무 수형잡는 법을 배웠더라면 우리 집 대추나무를 멋있게 키웠을 텐데, 뒤늦게 수형을 바꿀 수도 없고 그냥 적당히 키우고 있다. 바람만 잘 통하게 해주면 크게 병 피해도 없이 우리 식구 먹을 대추는 수확할 수 있다.

대추나무는 꽃이 6월 중순부터 거의 두 달 동안 핀다. 그래서 먼저 핀 꽃은 결실이 되어 알이 굵어지는데 옆에서 뒤늦게 피는 꽃도 있다.

가지 하나에 꽃도 피고 대추도 열렸다(좌). 비바람에 굵은 가지도 쉽게 찢어진다(우)

새 가지들이 자라면 바람이 잘 통하도록 유인을 해주고, 비바람에 가지가 찢어지지 않도록 줄로 묶어줘야 한다. 새로 자라는 가지들은 하늘로만 쭉쭉 뻗는데 옆으로 가지가 조금만 누워도 마디가 톡 부러진다. 원래 대추나무는 단단하다지만 새로 나온 가지의 마디 부분은 유난히도 약한 것 같다. 특히 태풍이라도 불어오면 대추가 많이 열린 큼직한 가지가 쉽게 찢어진다. 그래서 우리 집에서는 큼직한 쇠파이프를 가운데 세우고, 이곳을 중심으로 끈으로 가지들을 묶어주는 방법을 사용하고 있다.

40
포도나무

마당이 있는 시골집이라면 대개 포도나무를 한 그루쯤은 가지고 있다. 한여름에 포도가 주렁주렁 매달린 모습을 상상하기만 해도 마음이 뿌듯해진다. 더구나 직접 재배한 포도를 먹을 때의 그 맛이란!

우리 집 포도나무는 심은 지 15년이 된 성목으로, 현재 2그루 남아 있다. 포도나무가 제일 많았을 때에는 전부 8그루까지 있었는데, 처음에는 8그루에서 얼마나 많은 포도가 열리는지도 몰랐다. 다만 내가 좋아하는 포도를 실컷 먹겠다는 욕심이 컸던 것 같다. 그러나 포도가 너무 많이 열려 주체할 수 없는 지경에 이르자, 해마다 나무를 줄이고 줄여 지금은 2그루 남았다. 연식이 오래된 만큼 줄기도 제법 두껍고 표면도 많이 거칠어졌다.

1) 지지대 세우기

포도나무는 지지대를 세워줘야 하는데 'T'자 형태의 지지대를 세워주고 철사로 유인줄을 설치해 주었다. 철사로 길게 세 줄을 설치하는데 양옆에 설치된 두 줄은 새로 자라난 가지들을 걸쳐 놓는 줄이고, 약간 낮은 위치의 가운데 설치한 줄은 포도나무 줄기를 지지해주는 줄이다. 포도나무 한 그루가 차지하는 길이는 4m 정도다.

전문적으로 포도를 새배하시는 분들은 포도나무 한 그루에 대략 40 송이 정도만 수확한다고 한다. 그래야 알도 굵고, 해거리도 하지 않는 다고 한다. 우리 집에서는 한 그루당 대략 50송이 정도를 수확한다. 우리 집 포도나무가 좀 크긴 하니까.

지지대는 3줄로 만든다

포도나무 두 그루면 포도 100송이를 수확할 수 있는데 결코 작은 양 이 아니다. 그 정도면 우리 식구 실컷 먹고도 남아 주위 사람들과 나누 어 먹을 수 있다. 예전에 포도를 많이 수확했을 때는 먹고 남은 포도로 포도주도 만들고, 시험 삼아 발사믹 식초까지 만들어봤다.

2) 거름 주기

수확이 끝난 포도밭에는 겨울에(12월) 거름을 뿌려주고(퇴비 대신 유박 을 주기도 한다), 2월이 되면 석회고토를 뿌려준다. 포도는 pH6.5~7.5 의 중성 토양을 좋아하므로 해마다 석회고토를 조금씩 뿌려주는 것이 좋다.

포도나무가 고목이므로 줄기가 두꺼워져 웬만한 추위에는 견디어 내겠지만, 혹시 강추위가 올지도 모르므로 줄기 아랫부분을(땅에서 1m 정도까지의 높이) 사료 포대로 싸매어준다. 무슨 유실수든 유목일 때는 동해 피해를 많이 입으니 도포를 해줘야 한다.

우리 집의 경우, 동해 피해가 워낙 심해서 수도관 동파방지용 보온재도 써보고 별의별 방법을 다 동원해 보았지만 별 효과를 보지 못했었다. 그나마 제일 나은 방법인 볏짚은 구하기도 힘들고, 또 일손도 많이 필요로 한다. 그러다 사료 포대가 동해 방지에 효과가 있다는 이야기를 듣고서 몇 년째 사용하고 있는데 실제로 효과를 많이 보고 있다. 사료 포대를 사용한 이후로는 아직까지 동해를 입은 적이 없다.

3) 전지법

포도나무의 전지는 추운 지역에서는 너무 일찍 하면 늦추위에 동해를 입을 수도 있으므로 가급적 3월 초순에 하는 것이 안전하다. 포도는 품종에 따라 전정하는 방법도 다른데, 우리 집 포도나무의 품종은 캠벨어리로 '단초전정'을 한다. 단초전정은 포도나무의 눈을 한 개나

포도나무는 눈을 한두 개 남기고 곁가지를 잘라준다

두 개만 남기고 곁가지를 절단하는 방법이다.

포도는 그해 새로 자란 일년생 가지에서 열매가 열리는데, 봄에 싹이 터서 가지가 자라면 그 새 가지에서 포도가 열리게 된다.

4) 포도나무 키우기

철사에 걸쳐진 줄기 하나당 보통 2개의 포도송이가 열린다. 그런데 포도 줄기는 길게 키우는 것이 아니라, 두 번째 포도송이로부터 8~9매의 잎만 남겨두고 그 끝단을 순지르기 한다. 보통 한 줄기에 포도송이 2개를 키우되 세력이 약하면 1개만 키운다. 줄기 끝단에 순지르기를 해줘야 포도알이 굵어진다. 포도 봉지는 대개 7월 이전에 씌우는데, 포도알의 크기가 팥알보다 약간 클 때 씌운다.

7월쯤 줄기 중간에서 포도송이가 더 열리기도 하는데, 이때는 아까워도 모두 제거해 버려야 한다. 이 포도는 나중에 커져도 신맛이 너무 강해 먹지도 못하며, 쓸모없는 양분 소비로 인해 다음 해 포도나무 생육에 영향을 준다(꽃눈이 덜 생기므로 포도가 많이 열리지 않는다).

5) 곁순 제거하기

포도나무는 줄기와 잎 사이마다 곁순이 끊임없이 나오는데 이 곁순들은 나오는 대로 다 제거해줘야 한다(토마토의 곁순을 제거하는 것과 같은 이유다). 곁순이 많으면 가지가 너무 복잡해지고 그늘이 진다.

초보 농부에게 곁가지는 전부 제거하라고 했더니만, 곁가지가 어떤 것인지 모르겠다고 한다. 포도나무 줄기와 잎 사이에서 새로 나오는 가지가 바로 곁가지다. 이 곁가지는 매 잎마다 발생하므로 빨리 제거해주지 않으면 가지 전체가 엄청나게 복잡해진다. 가지가 엉클어진 머리카락처럼 보이는 포도나무는 대부분 이 곁가지를 제거하지 않았기 때문이다.

잎과 줄기 사이에서 나오는 것이 곁가지이다.
이 곁가지는 보이는 즉시 제거해주는 것이 좋다

6) 알 솎기

포도는 보통 봉지를 씌우기 전에 알 솎기를 해준다. 알 솎기는 포도 송이가 커졌을 때 너무 빽빽하게 포도알이 열리지 않도록 미리 일부 알을 솎아내는 것을 의미하며, 요즈음은 알 솎기 대신에 지경 솎기를 하기도 한다. 포도송이를 자세히 보면 작은 가지들이 있는데, 이것을 지경이라고 부른다. 드문드문 이 지경들을 솎아주면 알 솎기를 한 것과 같은 효과를 볼 수 있다. 또 봉지 씌우기 전에 어깨 송이도 제거해 줘야 한다.

평소에 친하게 지내는 형님이 "포도 봉지를 싸주려는데 포도송이는 어떻게 정리해야 하지? 올해는 포도가 엄청나게 많이 달렸어." 하고 물어오셨다. 어깨 송이가 어떻고, 지경이 어떻고 설명을 한참 동안 했는데 그 형님은 그저 눈만 껌뻑거리고 계신다. 실물을 보고 설명하는 것도 아니니 한계가 있다.

그런데 의외로 그 형님 같은 분들이 많은 것 같다. 실전 경험이 없으면 누구나 다 헷갈리게 되어 있다. 그래서 우리 집 포도나무 사진을 보며 설명을 하려고 한다.

난이도 1번, 아주 쉬운 문제다. 첫 번째 사진을 보면 예쁘게 포도송이가 열렸다. 어깨 송이가 크기도 작아 구분하기도 쉽고, 잘라내어도 별로 아깝지 않게 생겼다. 이 어깨 송이를 잘라내고 나니 두 번째 사진이 되었다. 지금은 보기에 괜찮은데 나중에 알이 굵어지면 포도송이가 조금 빽빽해질 것 같다(또는 이 정도는 그냥 두어도 될 것 같기도 하다). 지경을 한두 개 제거했더니 세 번째 사진이 되었다. 이제 봉투를 씌우면 된다.

난이도 1번. 원래 열린 포도송이(좌)와 정리가 끝난 포도송이(우)

난이도 2번, 약간 복잡한 포도송이다. 첫 번째 사진을 보면 원 포도송이나 어깨 송이나 크기가 비슷하다. 어느 쪽을 잘라내야 할지 약간 고민이 될 수도 있지만, 약간이라도 포도가 실한 쪽을 남기면 된다. 그런데 첫 번째 지경이 너무 커서 봉지를 씌우기에도 힘들 것 같다. 그래서 어깨 송이와 1번 지경을 잘라내니 두 번째 사진이 되었다. 그래도 포도 알이 너무 많은 것 같으므로, 지경 두 개를 더 떼어내니 세 번째 사진이 되었다. 이 정도면 됐다.

난이도 2번, 정리가 끝난 포도송이(우)

난이도 3번, 고난도의 문제다. 지경 솎기를 하다 보니 이렇게 생긴 포도송이도 있다. 포도송이는 항상 예쁘게만 자라주는 게 아니다. 그냥 포도알들을 뭉쳐놓은 것 같다. 자, 이 포도송이는 과연 어떻게 정리해야 할까?

헉! 그런데 이걸 어쩐다? 먼저 정리를 좀 해야 윤곽이 드러날 것 같아서 어깨 송이를 잘랐는데, 포도송이 전체가 떨어져 나갔다. 분명히 잘 보고 자른 것 같았는데… 요즘은 안경을 바꿔 쓰지 않으면 종종 이런 황당한 일이 발생하곤 한다. 문제가 어려워서 일부러 줄기를 통째로 잘라버린 게 아니니 오해하지 않기를 바란다. 포도송이가 없으니 설명할 수도 없고… 그래서 이 문제는 숙제로 남겨놓으려 한다.

만약 포도송이가 빽빽하게 열렸는데도 알 솎기나 지경 솎기를 하지 않으면 어떻게 될까? 포도알이 굵어지기 시작하면 서로 자리를 차지하려고 경쟁을 하게 된다. 그러나 포도알이 낱개로 떨어지는 일은 없고, 대신 약한 줄기가(지경이) 밀려서 끊어져나게 된다. 그래서 나중에 봉지를 열어보면 굵어진 포도송이 사이에 떨어져 나간, 그래서 알도 작고 시들은 포도송이가 끼어 있다. 때로는 이 시든 포도송이에 곰팡이도 핀다.

난이도 3번. 이 사진에는 원래 모습만 있다. 각자 알아서 포도송이를 정리해보세요

내가 열심히 지경 솎기에 대해 설명하면 때로는 귀찮다는 듯이 "집에서 먹는 건데 그냥 봉지나 씌웠다가 먹으면 되지!"라는 분도 계시다. 시들은 포도송이가 끼어 있으면 빼내고 먹으면 되고. 또 어깨 송이를 잘라내기가 아까워 못 떼어내겠다는 분도 계시다.

사실 알 솎기나 지경 솎기란 재배기술이 예전부터 있었던 것도 아니고, 또 그런 기술이 없다고 포도를 수확할 수 없는 것도 아니다. 어차피 식구들이 먹을 건데 포도송이가 조금 작으면 어떻고, 상품성이 떨어진들 무슨 상관이 있을까?

내가 뭐라고 딱히 할 말은 없다. 어쩌면 그것도 본인 취향일 테니까 말이다.

도시에 사는 지인들이 어쩌다 우리 집을 방문하게 되면 집 안보다는 텃밭에서 더 많은 시간을 보내고 싶어 한다. 말끔하게 정돈된 텃밭과 (손님 온다고 풀을 깎았으니까), 텃밭에서 자라는 온갖 채소와 빨갛게 익은 토마토에 감탄을 한다.

"와! 이렇게 맛있는 토마토는 처음 먹어봐요!"

날마다 텃밭에서 키운 건강한 채소를 먹고, 땀 흘려 일하며 자연 속에서 소박하게 살아가는 삶은, 많은 이들에게 언젠가는 그들도 선택하고 싶은 꿈일지도 모른다. 특히 귀농 귀촌을 꿈꾸는 이들에게는.

따뜻한 봄이 되면 나의 일과는 텃밭을 둘러보는 일로 시작된다. 아침 일찍 텃밭에 나가면 파릇파릇한 새싹들과 향긋한 흙냄새가 어우러져 상쾌한 하루가 시작된다. 작은 씨앗은 따스한 햇살과 거름기 많은 흙, 그리고 농부의 손길로 생명을 키워간다.

텃밭을 가꾸는 일은 마치 어린 아이를 돌보는 것과 같다. 처음에는 나약했던 어린 싹도 점차 성장하며 몸으로 자신의 뜻을 표현한다. 예를 들어, 토마토는 칼슘이 부족하면 열매 가운데가 까맣게 변하고 질소가 많으면 잎이 말린다. 또 붕소가 부족하면 화방 끝단에서 또다시 줄기가 자란다.

하지만 텃밭 작물과 대화하는 법을 모르는 농부는 영문도 모른 채 속절없이 망가져 가는 텃밭을 지켜볼 수밖에 없다. 그래서 작은 텃밭을 가꾸더라도 농부는 텃밭 작물들의 언어를 이해하기 위해 끊임없이 배우고 노력해야 한다. 그런 수고와 노력이 뒤따른 이후에야 비로소 텃밭은 우리에게 풍성한 먹거리를 선물해준다.

이 먹거리는 농약과 비료로 키운 흔한 채소나 과일이 아니다. 텃밭 농사는 자연으로부터 얻은 유기물을 다시 땅에 돌려줌으로써 지속가 능한 농사이며, 농부의 땀과 노력으로 만들어낸 결실이다. 이 결실은 우리 가족이나 주위 사람들과 나눌 수 있는 건강하고 소중한 음식이 된다.

하지만 아무리 내가 노력을 한들 하늘의 도움 없이는 어려운 게 농사다. 기상이변으로 늦서리가 내리고, 갑자기 우박이 쏟아지기도 한다. 올해 한 해도 날씨가 또 어떻게 변덕을 부릴지 가늠하기가 어렵다. 때로는 그런 냉혹한 환경에 어려움을 겪지만, 농부는 자연에 순응하고 조화를 이루며 살아간다.

"올해는 농사를 꼭 잘 지어봐야지!"

작년에 우박으로 농사를 망쳤던 형님이 하신 말씀이다. 힘든 지난 한 해였지만 올해는 새롭게 희망을 가지고 다시 시작하려 하신다. 왠지 올해는 풍성한 수확을 할 수 있을 것만 같다.

이 책에 설명한 내 농사법이 정답이라고 감히 말할 수는 없다. 나보다 더 많은 경험과 훌륭한 농사법을 알고 계신 분도 틀림없이 많이 계실 테고, 또 잘못된 정보인데도 내가 아직 알아채지 못했을 수도 있다. 더구나 농사법이라는 것은 지금이 끝이 아니고, 앞으로도 계속 발전될 것이기에 말이다. 하지만 적어도 지난 15년간 텃밭 농사를 지으며 내가 직접 경험한 바를 적었으므로, 설사 내 방식을 따른다고 하더라도 크게 텃밭 농사를 망치는 일은 없을 것 같다.

끝으로, 나에게 그동안 책을 써보라고 부추겼던 지인들과 귀농 귀촌 하시는 분들에게 조금이나마 이 책이 도움이 될 수 있었으면 좋겠다.

나는 오늘도 텃밭 농사에서 인생을 배운다.

귀농 귀촌인을 위한 실전 텃밭 가꾸기

지은이 윤용진

펴낸이 박영발

펴낸곳 W미디어

등록 제2005-000030호

1쇄 발행 2022년 3월 19일

2쇄 발행 2024년 11월 30일

주소 서울 양천구 목동서로 77 현대월드타워 1905호

전화 02-6678-0708

e-메일 wmedia@naver.com

ISBN 979-11-89172-41-1 03520

값 17,000원